AF346773

PEREGRINUS PROTÉE.

TOME PREMIER.

PEREGRINUS PROTEE,

OU
LES DANGERS
DE L'ENTHOUSIASME.

Traduit de l'allemand de Wieland.

TOME PREMIER.

A PARIS,

De l'Imprimerie du MAGAZIN ENCYCLOPÉDIQUE, rue Honoré, n°. 94, en face du Passage Roch.

L'an IIIe. de la République.

WIELAND, célèbre à tant de titres dans la littérature allemande, travailloit à sa traduction des œuvres de Lucien. Il venoit d'achever la diatribe où cet auteur couvre de ridicule la vie et la mort de Peregrinus. Frappé du caractère de cet homme singulier, il imagina que Lucien avoit peut-être exagéré ses foiblesses, soit pour amuser les lecteurs, soit qu'il eût été mal instruit. Il crut que si l'on connoissoit les motifs des actions qui lui étoient si sévèrement reprochées, et que son détracteur présentoit sous un jour si odieux, il ne seroit pas difficile de les justifier. Mais où trouver les bases de cette apologie? L'antiquité ne fournissoit rien en ce genre. Wieland passa toute une après-dînée et une partie de la nuit à parcourir les auteurs où il se flattoit de puiser les éclaircissemens qui lui manquoient. Ces éclaircissemens lui devenoient plus nécessaires, à mesure qu'il multiplioit ses recher-

ches, et qu'elles frustroient ses espérances. Ce qui n'avoit été dans le
prin i e qu'un amusement de son
imagination , finit par l'intéresser
vivement. Il se coucha, rempli de
l'idée de Peregrinus injustement
decrié. Cette idée se reprodu sit
durant son sommeil. Il rêva que
l'ombre de Peregrinus venoit le
trouver dans son cabinet , et lui
racontoit son h stoire, de laquelle
il résultoit clairement que Lucien
l'avo t traité avec la dernière injustice. A son réveil, l'esprit encore
échauffé de ce s nge , il se rappella
tout ce qu'il croyoit avoir entendu
de la bouche de Peregrinus, et en
composa l'ouvrage suivant , où il
le fait parler lui-même (*).

(*) L'ouvrage de Wieland est en forme
de dialogue ; Lucien et Peregrinus sont
les interlocuteurs , et la scène est dans les
champs Elysées. On a cru rendre service
aux lecteurs françois , d'élaguer tout ce
qui , dans l'original, interrompt la suite
du récit.

PEREGRINUS PROTÉE,

OU

LES DANGERS

DE L'ENTHOUSIASME.

PREMIÈRE PARTIE.

PARIUM, où je naquis, étoit une colonie romaine, située dans la Scythie, sur la côte occidentale de l'Hellespont. Cette ville, graces à l'activité de ses habitans et au voisinage de la Propontide qui lui servoit de port, étoit devenue l'une des plus florissantes de cette heureuse contrée. Mon père étoit un riche négociant que son commerce obligeoit à de fréquens voyages ; et comme il n'avoit ni le temps ni la volonté de se charger de mon éducation, il consentit de bon cœur, dès que j'eus quitté l'appartement des femmes, à me confier aux soins de Protée, mon aïeul maternel, qui habitoit presque toujours une maison de campagne, distante de Parium d'environ une demi-lieue.

A 3

Je perdis ma mère dans les premiers jours de mon adolescence. Son père m'adopta, et ce fut alors que je reçus le nom de Protée. Ceci prouve déjà que je n'ai point à rougir de ce nom qui fournit à Lucien le sujet d'une comparaison peu flatteuse pour moi.

La nature m'avoit doué d'un extérieur très-avantageux. J'étois susceptible au dernier point des impressions des sens; enfin, j'avois une imagination des plus mobiles et des plus ardentes. Avec une pareille organisation, le merveilleux des poëmes d'Homère dut nécessairement agir sur mon cerveau, d'une manière que j'essayerois en vain de rendre, lorsque, suivant l'usage, on me fit commencer par eux mon cours d'études. Mon instituteur ne voyoit dans le plus grand des poëtes, que des mots, des expressions, des dialectes, des figures de grammaire et de rhétorique, de la mythologie, de l'histoire ancienne et de la géographie; et tout cela, il ne l'y voyoit qu'avec les yeux d'un pédant. Aussi ne chercha-t-il ni à seconder l'effet que produisoit sur moi cette lecture, ni à le diriger. Il ne s'embarrassa pas davantage de l'augmenter ou de l'affoiblir. Trouvant tout ce qu'il lui falloit dans ma mémoire, il se contentoit de louer à tout propos mon érudition, et s'applaudissoit de ce que j'étois en état de déclamer, aussi bien qu'un rhéteur, les passages les plus remarquables de l'Iliade et de l'Odyssée, et non seulement de nommer tous les Troyens qui avoient péri sous les coups d'Achille, mais encore de décrire les blessures de chacun d'eux, comme si j'avois exercé la chirurgie dans le camp des Grecs.

Mon grand-père eut tant d'influence sur les premiers développemens de mes facultés, que je ne puis me dispenser de peindre son caractère. C'étoit un de ces hommes aussi peu nuisibles qu'ils sont peu utiles, qui, n'exigeant presque rien de la société, se croyent en droit de faire pour elle encore moins qu'ils n'en attendent. Jouissant d'un bien médiocre, mais dont le revenu surpassoit sa dépense, il ne s'étoit pas donné le plus léger mouvement pour l'accroître. Il n'avoit pas détourné une seule fois la vue, pour établir, au préjudice de son repos mental et corporel, la moindre comparaison entre lui et ses opulens voisins, pendant une vie, ou pour mieux dire, un rêve de quatre-vingts ans. Il aimoit le plaisir ; mais en tant que sa paresse n'en souffroit pas, et parce qu'il est impossible de ne faire autre chose que dormir, se baigner, ou regarder courir les nuag s et voltiger les moucherons. Il s'étoit donc choisi, par manière de passe-temps, un genre de philosophie et de littérature assorti à ses inclinations, et qui lui tenoit lieu du travail d'esprit habituel chez les autres hommes.

Le hasard l'avoit mis en relation, dans sa jeunesse, avec le célèbre Apollonius de Thyane ; et ce personnage extraordinaire avoit fait sur lui une telle impression, que treize lustres n'avoient pu l'effacer. Le seul homme dont je l'aye entendu parler avec admiration, c'est Apollonius. Apollonius étoit à ses yeux l'idéal le plus sublime de la perfection de notre espèce, ou plutôt de la perfection sur-humaine ; car, au ton de ses éloges, il étoit aisé de voir qu'il le regardoit comme un Dieu, ou comme un Génie sous une enveloppe mortelle. En effet, toutes les actions et tous les discours de ce nouveau Pythagore, avoient eu pour objet de faire prendre de lui cette idée et de l'entretenir. Cependant mon grand-père ne s'étoit point senti appellé à grossir le nombre des sept disciples qui environnoient sans cesse Apollonius avant son voyage aux Indes. La vue de ses prodiges avoit simplement donné une tendance plus directe à cette curiosité pour les choses extraordinaires et merveilleuses qui caractérise tous les gens paresseux. Elle étoit devenue chez lui une passion déclarée pour ce qu'on appelloit de mon temps philosophie pythagoricienne. Protée, à qui il n'appartenoit pas de saisir l'esprit de la philosophie d'un homme tel que Pythagore, s'en forma des notions si vagues et si arbitraires, qu'il y incorpora, tant bien que mal, tout ce que la tradition ou le mensonge attribue à l'Hermès égyptien, au Zoroastre de la Bactriane, au Budda de l'Inde, à l'Abaris hyperboréen, à l'Orphée de Thrace, et à tous les grands hommes de cette trempe. Il se forma peu à peu une ample collection de livres grands et petits, écrits sur du parchemin, sur du papyrus d'Égypte, sur le papier

dont les Sères font usage, sur des feuilles de palmier, sur des écorces d'arbre,
touchant les Dieux et les Esprits, leurs
différentes sortes d'apparitions et d'influences, leur nature et leurs attributs
secrets, les mystères par lesquels on se
rend les bons Génies favorables et l'on
assujettit les mauvais ; les songes et les
prodiges, l'art de fabriquer des talismans
et des anneaux constellés, la pierre phi-
losophale, le langage des oiseaux, en un
mot, toutes les chimères, au moyen desquelles des coupeurs de bourse grecs et
barbares, de soi - disant Chaldéens, des
prêtres mendians et vagabonds, attachés
au culte d'Isis ou de Cybèle, et tous les
fourbes de ce genre, savoient entretenir
et mettre à profit la crédulité. Plus ces
écrits étoient rares, obscurs et énigma-
tiques, plus ils avoient de mérite aux
yeux de mon grand-père ; et si, d'un
bout à l'autre, ils n'étoient composés que
d'hiéroglyphes, il croyoit faire un marché d'or, en donnant cent drachmes et
plus d'une ou deux feuilles, sur - tout
lorsqu'elles étoient rongées des vers , et
qu'elles avoient une apparence de vétusté.

Il s'ensuivoit naturellement de - là que

son indolence cherchoit une nourriture plus facile à digérer. Aussi toutes les histoires merveilleuses , les légendes des Dieux et des héros , les contes de revenans, les Fables milésiennes et autres semblables , formoient une bonne partie de sa bibliothèque , et sa récréation la plus ordinaire , lorsqu'il s'étoit fatigué , en essayant inutilement de voir clair dans ses livres mystérieux. Heureusement pour lui , les impressions qu'il recevoit de ces lectures , étoient si fugitives , qu'elles lui permettoient de les recommencer vingt fois , et qu'il y trouvoit toujours autant de charmes qu'il en falloit à un esprit de la trempe du sien , pour diversifier un peu cet état mitoyen entre la veille et les songes, où il passoit la plupart de ses heures solitaires. Ce moyen de tuer agréablement le temps s'offrit à lui , lorsqu'il eut, pour ainsi dire, rompu toute société avec les habitans de Parium. Cependant il s'écouloit peu de semaines où il fût entièrement seul. La réputation qu'il avoit d'aimer les sciences occultes, lui attiroit la visite d'une multitude d'étrangers , jaloux de contribuer pour leur part à contenter sa passion favorite.

Des Chaldéens et des Mages , des Pythagoriciens voyageurs et des gens qui faisoient commerce de ces sortes de manus-
crits dont il étoit si engoué , alloient et
venoient sans cesse chez lui. Il manquoit
rarement de pareils convives ; et quelqu'un qui auroit fait un livre de ses Sym-
posiaques , n'auroit pas eu de peine à
recueillir , en peu d'années , plusieurs
volumes de conversations semblables à
celles que Lucien a immortalisées dans
son *Ami du mensonge*. La dernière année de sa vie , il se laissa persuader par
un adepte de la philosophie hermétique,
d'établir dans sa maison un laboratoire
secret , où l'on devoit travailler nuit et
jour au grand œuvre ; mais , par bonheur ,
il mourut assez à temps pour déjouer le
plan de l'adepte , qui s'étoit probablement flatté de tirer bon parti de sa succession.

L'on conçoit aisément ce qui devoit
résulter pour un jeune homme de mon
caractère , d'être élevé dans une pareille
maison. De plus , j'étois le favori de
Protée , et il prenoit plaisir à m'initier
de son mieux dans les mystères de sa
philosophie. Son muséum m'étoit toujours

jours ouvert. J'étois souvent obligé de
lui faire des lectures, pendant qu'il étoit
sur son lit de repos ; et ma crédulité pour
ces fables, la facilité avec laquelle je
semblois les comprendre, lui causoient
la satisfaction la plus vive. Elles lui faisoient présager que je deviendrois un
grand-homme, pour me servir de son expression. La seule chose dont il ne s'apperçut pas, fut le peu de ressemblance
de nos façons de penser. Le merveilleux
n'étoit qu'un hochet qui servoit à distraire son esprit encore au berceau, tandis qu'il occupoit toutes les facultés de
mon ame. Ce qu'il ne prenoit que pour
des rêveries et des contes, me faisoit pressentir et même toucher au doigt des réa-
lités sublimes, objet continuel de mes
méditations et de mes vœux. Il s'amusoit
d'emblêmes, d'énigmes et d'hiéroglyphes
philosophiques, comme un enfant joue
avec des fleurs ou des papillons ; moi,
je tâchois d'en approfondir le sens le plus
caché. En un mot, il aimoit l'extraordinaire, parce qu'il semoit de rêves agréables son éternelle léthargie ; et moi, dans
cet intervalle qui sépare l'enfance de la

Tom. I.   B

jeunesse, je brûlois du desir de participer à des prodiges.

La bibliothèque de mon grand-père
renfermoit, entr'autres ouvrages, le livre
d'Empédocle sur la nature, le Banquet,
le Phédrus et la République de Platon,
et quelques petits traités d'Héraclite.
Comme ces livres étoient ceux qu'il lisoit
le moins, ils pouvoient bien, chargés
d'un doigt de poussière, avoir déjà re-
posé pendant vingt ou trente ans derrière
un épais rideau de toiles d'araignée, lorsqu'un jour, en cherchant s'il trouveroit
du nouveau, il vint à se rappeller le
Banquet de Platon, comme un ouvrage
qui devoit être rempli des choses intéressantes et judicieuses. Il m'ordonna de
le déterrer, et de lui en faire la lecture,
à l'issue du bain. Je n'eus qu'à me louer
de l'attention qu'il y prêta, aussi long-
temps que Phédrus, Pausanias, Erixi-
maque et Aristophane exposèrent leurs
opinions sur l'amour. La plaisante hypo-
thèse d'Aristophane sur la nature primitive de l'homme (*), et sur les causes

─────────────────────────

(*) *J. B. Rousseau en a donné l'esprit*

des différentes espèces d'amour , le mit,
à plusieurs reprises , en train de rire aux
éclats. Il commença de bailler au pané-
gyrique du jeune Agathon, en l'honneur
du fils de Vénus. L'ennui le gagna déci-
dément, lorsque Socrate entreprit de dis-
puter à sa manière sur l'objet de la conversation. J'en vins au discours où ce
sage fait part à la compagnie , des leçons
sur l'amour et l'art d'aimer qu'il prétend
avoir jadis reçues de la prophétesse Diotime. Mais si-tôt que j'eus entamé son
exorde , mon grand-père tomba insensiblement dans un sommeil si profond ,
que j'eus le tems , avant qu'il s'éveillât,

dans cette épigramme tant de fois citée :

> L'homme créé par le fils de Japet,
> N'eut qu'un seul corps , mâle ensem-
>   ble et femelle ;
> Mais Jupiter de ce tout si parfait
> Fit deux moitiés , et rompit le modèle.
> Voilà d'où vient qu'à sa moitié jumelle
> Chacun de nous brûle d'être rejoint.
> Le cœur nous dit : Ah ! la voilà, c'est
>   elle ;
> Mais à l'épreuve , hélas ! ce ne l'est
>   point.

de lire et de méditer deux ou trois fois ce morceau qui m'attachoit infiniment. Je ne me couchai point ce soir-là, que je n'eusse copié le discours de Diotime. Le lendemain matin, lorsque je reportai le livre à sa place, voyant ses voisins oubliés comme lui, et jugeant de leur importance, soit par leurs titres, soit par le nom des auteurs, je les emportai tous dans ma chambre. A dater de ce moment, je consacrai toutes les heures dont je pouvois disposer, à lire ces écrits, à les relire, à réfléchir sur leur contenu, à les comparer, à tâcher de former un tout des idées qu'ils développoient en moi. La vie que j'avais menée jusqu'alors, me parut bientôt semblable à l'état d'un homme qui a long-temps erré dans un bois sombre par un foible clair de lune, et qui commence à voir poindre le crépuscule du matin. Un torrent de lumière inonda tout-à-coup mon ame. Elle en fut d'abord éblouie ; mais, fortifiée par l'habitude, elle fut ensuite émerveillée de la hauteur où elle se trouvait, de l'air pur dont elle étoit environnée, du monde incommensurable et ravissant qui se développoit devant elle ; et dans la joie que lui causoient sa liberté, son énergie et sa grandeur, elle crut se sentir élevée au rang des Dieux.

Je venois d'accomplir ma dix-huitième année, lorsque mon grand-père mourut. Je me trouvai alors beaucoup plus riche que je n'avois besoin de l'être, pour mener une vie indépendante. Ma première pensée fut d'abandonner Parium et de me mettre à voyager, moins pour voir le monde, chose dont je m'inquiétois fort peu, que pour chercher des hommes enflammés comme moi du divin amour de la perfection, avec qui mon ame pût sympathiser et se fondre. L'instinct de mon âge, les besoins de mon cœur me faisoient regarder cette union des ames comme une partie essentielle de la sublime Eudémonie, ou du plus parfait bonheur auquel pussent atteindre les substances incorporelles. Mais les affaires de la succession m'obligèrent de passer encore un an à Parium ; et ce fut dans cet intervalle que j'eus l'aventure suivante, si défigurée par Lucien, que, s'il n'y avoit joint mon nom, je n'aurois pu conjecturer que j'en fusse le pitoyable héros.

Pendant mes premières années que j'avois passées chez ma mère, nous avions eu au logis une nièce de mon père, jeune orpheline dont elle s'étoit chargée. Callippe, ainsi se nommoit ma cousine, n'avoit qu'un an de plus que moi, et nous nous accoutumâmes insensiblement à nous regarder comme frère et sœur. L'amitié enfantine qui s'établit entre nous deux, n'avoit pas encore changé de nature, lorsqu'à l'âge de sept ans je fus transplanté chez mon grand-père. Depuis cette époque, je n'allai que rarement à la ville. Cependant Calippe devint la plus belle des filles de Parium. Je la vis encore de temps en temps jusqu'à la mort de ma mère ; mais quoiqu'elle m'inspirât quelque chose de semblable au germe d'une passion, j'étois encore trop jeune pour me rendre un compte exact de ce sentiment. Callippe, parvenue à sa dix-septième année, prit la façon de penser de son âge. Elle me regarda comme un enfant que l'on pouvoit caresser sans danger. Bientôt mon père lui rendit le service de la marier à un des citoyens les plus riches et les plus distingués de Pa-rium, sans faire la moindre attention au désordre reconnu des mœurs de cet homme , non plus qu'à l'extrême disproportion des âges. Je perdis alors de vue ma cousine ; j'eus ordre de ne plus la voir ; et dans la ferme persuasion qu'elle étoit contente de son sort , je ne me tourmentai pas beaucoup l'esprit sur ce qui la concernoit.

Les affaires de la succession de mon grand - père m'ayant appelé de temps en temps à la ville , j'appris bientôt que mon père s'étoit trompé en croyant faire le bonheur de Callippe. Chacun parloit d'elle comme d'une femme condamnée à passer les plus belles années de sa vie sous les loix d'un tyran insensible, colère, fantasque et jaloux. Chacun plaignoit son sort , et toutes les voix se réunissoient contre son barbare persécuteur. Je connoissois trop peu le monde pour conclure quelque chose de ces discours ; j'y réfléchissois sans cesse ; mais j'avois beau former des projets , je les rejettois toujours comme peu séans et mal conçus. Ce qui me parut le plus essentiel , ce fut d'avoir une conversation avec Callippe ; mais la froide politesse et la prévoyance craintive du vieux Ménécrate surent toujours disposer les choses de manière à m'en ôter l'occasion. Enfin j'appris d'une jeune esclave qui possédoit seule la confiance illimitée de Callippe, que sa maîtresse ne souhaitoit rien avec plus d'ardeur que de m'entretenir, attendu qu'elle avoit à me révéler des secrets qui étoient pour elle de la dernière importance. Nos desirs, comme on voit, étoient parfaitement d'accord. L'embarras étoit de nous procurer une entrevue qui, dans la situation où se trouvoit Callippe, devoit être ménagée avec assez de prudence, pour que ni son mari, ni les voisins, ni ses gens n'en eussent le moindre soupçon. Je ne manquois pas non plus de bonne volonté à cet égard ; mais si Callippe et son esclave n'avoient pas été plus inventives ou plus hardies que moi, nous aurions couru risque de n'aller jamais plus avant ; les ruses même les plus ordinaires en pareil cas ne me vinrent pas seulement à l'esprit. Je n'en fus que plus disposé à me laisser conduire, et, après que nous eûmes, l'esclave et moi, écarté diverses mesures qui nous semblèrent périlleuses ou impraticables, il fut arrêté entre nous que je profiterois d'une courte absence de Menécrate, pour m'introduire, à la faveur du silence et des tenèbres, par une petite porte de jardin, dans un cabinet où je trouverois ma cousine.

Notre rendez-vous eut lieu, graces à l'adresse de la fidèle esclave. Des deux côtés, ce fut une surprise extrême, lorsque je vis pour la première fois Callippe dans tout l'éclat de la jeunesse et de la beauté, et qu'elle trouva cet enfant de quatorze ans, qu'elle n'avoit pas vu depuis quatre, métamorphosé en un jeune homme de haute stature, dont aucun ver n'avoit encore sucé la fleur, et à qui un mélange extraordinaire de douceur et de vivacité, de sérieux et d'enjouement, donnoit la physionomie d'un âge plus mûr, sans lui ôter les avantages du sien. Cependant nous nous remîmes bientôt, et Callippe débuta par justifier la démarche singulière à laquelle elle se voyoit forcée. Ce sujet la conduisit naturellement à parler de ce qu'elle avoit à souffrir de la tyrannie de son époux ; et sur ce point, elle n'épargna ni les fleurs de rhétorique, ni les larmes, pour se concilier ma pitié, soit qu'elle voulût

me faire juge de ses peines, soit qu'elle
me destinât à les venger. Elle paroissoit
avoir prévu toutes les questions que je
pourrois lui faire, tant elle y répondoit
avec aisance. Elle finit par toucher différens articles qui concernoient en partie
mon père, en partie sa fortune ; et ceci
prépara une seconde et une troisième
entrevue.

Si j'avois eu pour lors cette connoissance du monde que donne une expérience de trente ou quarante ans, la
conduite de ma belle cousine m'eût
peut-être inspiré quelques soupçons ; et
si j'avois pensé comme presque tous les
jeunes gens de mon âge, j'aurois cru pê-
cher contre les Graces, en laissant échapper une si belle occasion. Mais l'un et
l'autre m'étoit impossible. Quelque vi-
sibles que fussent les piéges tendus à ma
candeur, je ne les appercevois pas, et
Callippe n'avoit pas à craindre plus de
témérités de ma part, que si elle eût été
prêtresse de Diane, ou ma propre sœur.
Toute femme, toute jeune fille étoit à
mes yeux un vase sacré du temple de la
nature, d'autant plus saint, d'autant
plus inviolable qu'il étoit plus beau.

Combien ne devois - je pas respecter l'épouse de Ménécrate, à qui notre parenté, ses charmes et le malheur donnoient de triples droits à ma compassion, à mes égards et à mes services! Rien de moins surprenant. L'éducation que j'avois reçue, avoit préservé mon esprit et mon corps du réveil prématuré de l'instinct et de ses élans arbitraires. Mon imagination étoit aussi pure que mes sens, et l'amour du beau qui, à cette époque de ma vie, étoit l'ame de toutes mes pensées et de tous mes penchans, donnoit à l'impression que faisoient sur moi les belles formes, une teinte trop différente de ce qu'éprouvent les autres hommes, pour que son effet pût être le même. Au surplus, je ne veux point me faire un mérite de cette singularité ; je raconte simplement la chose comme elle est.

Lorsque je m'éloignai de Callippe, son image me suivit, il est vrai ; mais elle laissa mon cœur en repos, et je ne songeai qu'à exécuter ses commissions le mieux qu'il me seroit possible.

Chaque fois que je la revis, elle me parut plus belle et plus digne d'être aimée, mais je ne me défiois encore ni

d'elle ni de moi, et je trouvois tout naturel qu'elle m'inspirât un intérêt plus
vif, à mesure que je la connoissois mieux.
L'amour du beau n'étoit-il pas aussi in-
hérent à ma nature spirituelle que la
respiration à mon corps ? J'observai bien
que Callippe étoit toujours plus empressée, toujours plus habile à trouver de
nouvelles raisons et de nouveaux moyens
de nous revoir ; mais je regardois cette
conduite comme une conséquence toute
simple d'un attachement légitime pour
un proche parent que, depuis l'eufance,
elle étoit accoutumée à considérer comme
un frère ; et je ne concevois pas que la
médisance pût y trouver quelque chose
à reprendre. D'ailleurs, dans une situation aussi fâcheuse que la sienne, devoit-
on mal augurer de ses principes, parce
qu'il lui en coûtoit de se priver de l'unique consolation qui allégeât ses ennuis?
Ta présence, tes discours sont pour moi
le véritable Nepenthe, me dit-elle un
jour au moment où nous nous séparions,
d'une voix qui retentit dans mon ame
comme le chant des Muses. Dans ces pai-
sibles et courts épanchemens de l'amitié,
j'oublie que je suis malheureuse. Te las-
serois-tu

serois-tu déjà de me donner quelquefois
une heure , qu'après tout tu ne dérobes
qu'au sommeil ? En bonne foi , je me
serois accusé de barbarie , si j'avois repoussé ses instances. Sans doute je l'aimois déjà ; mais je n'en savois, je n'en
pressentois rien ; et ce qui devoit nécessairement entretenir ma sécurité , c'est
que j'attendois toujours aussi tranquillement la nuit marquée pour un de nos
rendez-vous , que je la voyois approcher
avec plaisir.

Comme Menécrate fut assez long-temps
sans sortir de la ville , le cabinet du jardin parut trop dangereux pour l'avenir.
Après avoir bien délibéré sur ce qu'il y
avoit à faire, l'esclave dit enfin , de l'air
de quelqu'un qui s'applaudit d'avoir rencontré juste : je ne connois point d'endroit
dans toute la maison, où vous soyez plus
à l'abri des surprises , que la chambre
à coucher de ma maîtresse. Tu as raison,
dit en riant Callippe ; je ne sais pourquoi
je n'y ai pas encore songé. Mais , observai - je avec un peu d'embarras , Menécrate...... Bon, reprit ma cousine, il n'en
a jamais franchi le seuil. Et cela pour de
bonnes raisons , continua l'esclave. Je

me tus, et il demeura décidé que le premier rendez-vous auroit lieu dans la chambre à coucher de Callippe.

J'oubliois une petite circonstance qui n'est pas tout-à-fait à mépriser. La jeune esclave étoit toujours supposée présente à nos entrevues. Elle ne s'éloigna pas une seule minute, tant que dura la première. A la seconde et à la troisième, elle se promena de long en large ; par la suite, elle s'absenta plus ou moins long-temps, souvent des demie-heures entières, et même davantage ; mais cela se faisoit d'une manière si naturelle et si peu préméditée, que je m'en appercevois à peine.

Il s'écoula plusieurs jours avant qu'elle me fît le signal convenu. Je commençois à être inquiet pour Callippe, lorsque j'apperçus le signal. C'étoit par une nuit passablement obscure, et toute la maison dormoit, lorsque je fus introduit par la croisée d'une chambre basse. J'ignore d'où cela vint ; mais je sentis pour la première fois que j'aurois voulu ne pas être où j'étois. Ce léger trouble se dissipa au moment où Callippe accourut au-devant de moi, avec des yeux où se

peignoient la reconnoissance et l'amour.
Mais il revenoit de temps en temps, malgré les efforts que je faisois pour le surmonter. Callippe s'en apperçut à la fin :
elle m'en demanda le sujet, et je lui
avouai que je ne la croyois pas en sûreté,
ni moi non plus. Sans doute, repondit-
elle, la sympathie agit en cela sur nos
cœurs ; seulement tu t'abuses sur le motif. J'ai aussi, ajouta-t-elle, d'une voix
affectueuse et touchante qui ébranla toutes mes fibres, un secret pressentiment
que nous nous voyons pour la dernière
fois. Non que nous ayons ici la moindre
chose à redouter. Cher Peregrinus, un
tout autre péril, le seul que j'aye à craindre, me fait trembler en ce moment.
Je ne dois, je ne puis plus te voir. Ne
m'en demande pas la raison. De tous les
hommes vivans, tu es le dernier qui
doive en être instruit. Ce langage, entièrement nouveau pour moi, me frappa
d'étonnement. Mais Callippe ne me donna
pas le temps de revenir à moi-même ; elle
me dit avec un air de vérité, et en même
temps avec une douceur qui donnoit un
charme inexprimable à ses paroles, ce
que le premier amour peut inspirer de

plus tendre à une femme sensible , et
finit par me répéter qu'il falloit cesser
de nous voir. Notre séparation est indispensable , dit-elle d'une voix étouffée,
en me passant ses beaux bras autour du
cou. Adieu , Peregrinus , qu'il te sou-
vienne quelquefois de l'infortunée qui te
sacrifie à ta vertu et à la sienne. Adieu !

Ce coup de foudre qui frappoit tout
ensemble mon cœur et mes sens , étoit
trop violent pour manquer son effet. Mais
il s'y joignit une circonstance bien propre
à assurer le triomphe de Callippe sur un
novice tel que moi. Dans tous nos rendez-vous, elle s'étoit constamment offerte
à mes yeux vêtue avec autant de décence
que de grace. Au premier coup d'œil ,
on auroit jugé cette fois qu'il en étoit de
même. Mais son vêtement étoit trop léger
pour les agitations de douleur et d'amour
inséparables d'un tel adieu. Il est vrai
que nous étions au milieu de l'été, et que
la nuit étoit des plus chaudes. Mais une
tunique à laquelle auroit suffi le travail
d'un seul ver à soie , étoit trop mince
pour une scène aussi tendre ; et , lorsqu'éperdue à l'idée d'une éternelle séparation , Callippe pressa ma poitrine de

son sein palpitant ; il étoit naturel qu'un
vêtement si délié éprouvât quelque dé-
rangement ; or, dans un instant pareil,
avec un jeune homme dont les sens
n'étoient pas sur leurs gardes, quel ascendant cela ne devoit-il pas donner à ses
charmes ? Il n'est pas aisé de rendre ce
qui se passa alors en moi. Un tremble-
ment universel agita mes membres, mes
yeux se troublèrent, et dans l'excès de
mon vertige, je crois que je me serois
laissé tomber, si Callippe ne m'avoit
retenu dans ses bras, et ne m'avoit conduit vers un lit de repos, où je ne tardai pas à recouvrer mes esprits. Cependant, le bras droit toujours passé autour
de mon corps, elle attachoit sur moi des
yeux embrasés de tout le feu de l'amour.
L'esclave s'étoit retirée, et sans doute
Callippe ne regarda point mon accident
comme assez dangereux pour qu'il fût
besoin de l'appeller à mon aide.

Les Dieux savent comment tout cela
auroit fini, si tout-à-coup un bruit qui
remplissoit la maison n'eût dissipé notre
ivresse, et ne nous eût forcé de prendre
garde à ce qui se passoit autour de nous.
Nous sommes trahis, s'écria Callippe !

Cependant le bruit approchoit toujours, et déjà l'on distinguoit, à ne pas s'y tromper, la voix tonnante de Menécrate. Je ne fis qu'un saut, et n'eus besoin que d'une seconde, pour reconnoître qu'à moins de me rendre subitement invisible, Callippe et moi n'avions aucun moyen de nous sauver. Je courus à une croisée qui donnoit sur le jardin ; mais outre que l'on ne pouvoit y sauter sans péril, attendu sa hauteur, je m'apperçus que le jardin étoit rempli d'esclaves armés de bâtons, entre les mains desquels il étoit encore plus dangereux de tomber. Une autre croisée s'ouvroit sur une petite cour destinée à ranger du bois, et couverte en partie d'un auvent qui venoit assez près de la croisée, et d'où il ne paroissoit pas impossible de s'élancer sur le toit d'une maison voisine. Il fallut abandonner le reste au hasard. Cependant Menécrate frappoit à la porte, en ordonnant que l'on ouvrît, d'un ton si fort et si impérieux que, sans augmenter ses soupçons, Callippe ne pouvoit différer plus long-temps. Je risquai le pas à l'instant même. Je descendis heureusement sur le toit, et de-là dans un petit jardin. Je franchis ensuite une muraille basse et dégradée, et je parvins dans une rue étroite à l'issue de laquelle je me trouvai devant la porte de ma demeure, et en état de prendre haleine, au sortir d'un danger dont le seul souvenir me faisoit dresser les cheveux. Je fus heureux d'en être quitte pour la peur ; mais les choses arrivèrent exactement comme je les raconte. Les coups de bâton et le raifort dont il est parlé dans Lucien, sont de pures inventions de son inconnu qui les employa sans doute en vue de rendre l'histoire plus piquante.

Heureusement pour Callippe, son esclave étoit la maîtresse d'un affranchi qui pouvoit tout sur l'esprit du vieux Ménécrate. Il se porta caution de l'innocence de cette fille, et lui sauva la torture dont son maître la menaçoit et qui lui auroit infailliblement arraché l'aveu de son imprudence. Callippe, plus familiarisée peut-être que je ne l'aurois imaginé, avec les catastrophes de ce genre, eut assez d'empire sur elle-même pour jouer l'ignorante ; et comme il ne se trouva rien qui déposât contr'elle, elle eut toute sorte de droits d'exiger satisfaction de son tyran , dont la jalousie déplacée avoit interrompu son sommeil , et s'étoit permis d'élever des soupçons sur l'inaltérable pureté de sa conduite. Mon père étoit de retour d'un voyage. Je lui confiai toute l'histoire. Il prit les intérêts de sa nièce , et comme les deux parties avoient leurs raisons pour ne pas pousser les choses à l'extrémité , et pour imposer silence le plutôt possible aux commentaires du public , Menécrate laissa à son épouse la liberté de disposer de sa maison et de sa vertu , et se retira à la campagne le même jour que je faisois des préparatifs pour me rendre à Athènes.

La sensation extraordinaire avec laquelle j'entrai dans l'auguste cité de Minerve , le souvenir de sa haute antiquité qui se perd dans les âges fabuleux , la sainteté d'un séjour où l'on ne pouvoit faire un seul pas sans rencontrer l'image d'un Dieu , d'un héros ou d'un personnage illustre , le contraste de son antique splendeur , des obligations que lui avoient la Grèce et l'univers , et de la tranquillité morne que j'y voyois régner, me plongèrent d'abord dans une sorte de mélancolie à laquelle j'étois disposé d'arance, et qui ne tranchoit pas mal avec l'enjouement et la frivolité du peuple au milieu duquel je me trouvois. M'embarrassant peu des Athéniens et de tout ce qu'ils faisoient d'insignifiant, faute d'affaires importantes, je m'abstins, pour ainsi dire, de toute société, je cherchai les endroits les plus solitaires ; je choisis pour visiter le Céramique, le Pœcile, le Lycée, les heures où ces lieux étoient déserts. En un mot, au lieu d'être comme tout ce qui m'entouroit, un habitant de la véritable Athènes, je planois ainsi qu'une ombre sur le tombeau de la grande et célèbre Athènes qui n'existoit plus que dans l'histoire.

Les écoles des philosophes n'avoient alors à se glorifier de personne qui se fût élevé au-dessus du vulgaire. Aucun de ceux qui se paroient du costume de Pythagore ou de Platon, ne m'attira par des talens supérieurs. Comme, malgré son étendue, la ville étoit médiocrement peuplée, et que les Athéniens avoient sur-tout la fantaisie de s'inquiéter beaucoup de ce qui ne les regardoit pas, je me vis, durant un certain temps, l'objet de leur attention et de leurs railleries. Ils

ne se lassoient point de me cribler d'épi-
grammes, en rapprochant ma manière de
vivre de ma jeunesse et de ma figure.
Mais comme je persévérai dans mon train
de vie, sans prendre garde à leurs sar-
casmes, et qu'au bout d'environ six
semaines, j'achetai une maison de campagne dans les environs, je perdis bientôt
à leurs yeux le mérite de la nouveauté ;
ils ne songèrent plus à moi, et j'aurois
été pour jamais effacé de leur mémoire,
sans une aventure que Lucien se garde
bien de passer sous silence, mais qu'il
rend tout aussi mal que mon intrigue
avec Callippe.

Le hasard me fit un jour rencontrer
dans un bocage qui s'étendoit au pied du
Pentélicus, un jeune garçon de quatorze
à quinze ans qui ramassoit du bois sec,
et dont la beauté extraordinaire captiva
mes regards. J'entrai en conversation
avec lui, et j'eus lieu d'admirer la
candeur et la vivacité de ses répliques.
Je me rappelai tout-à-coup l'anecdote
de Socrate, lorsque, dans une rue
d'Athènes, il fit une semblable rencontre, dont l'objet, graces à ses préceptes, devint par la suite le célèbre

Xénophon. Mon petit protégé me parut annoncer un naturel non moins heureux. Je résolus de faire comme avoit fait Socrate. J'oubliai par malheur que ce sage avoit alors pour le moins cinquante ans , et que j'en comptois à peine vingt. La pureté de mon ame et l'innocence de mes vues m'empêchèrent de remarquer cette différence , et il ne me vint pas à l'esprit que ma bonne volonté pour ce jeune homme eût en soi quelque chose de plus répréhensible , que la fantaisie d'apporter de la forêt un oiseau pour l'entendre chanter. La dose d'expérience que j'avois acquise auprès de Callippe , ne m'avoit pas rendu plus circonspect. Je croyois , avec Platon , que la beauté extérieure étoit le reflet de la beauté intérieure ; et ma folle imagination présageoit dans mon élève un nouveau Pythagore ou un second Apollonius , sans songer qu'il pouvoit tout aussi bien devenir un Alcibiade ou un Nicias. Mais , indépendamment du mérite que j'espérois me faire aux yeux de l'humanité en cultivant une plante aussi belle , je me proposois sur-tout de me former un collaborateur dans les mystères de la magie

transcendante. Cette magie étoit le principal objet de mes travaux et de mes
réflexions ; et croyant ne pouvoir mieux
m'y préparer qu'en étudiant la philosophie de Pythagore et de Platon , je me
livrois depuis quelque temps à cette
étude avec beaucoup d'ardeur. La beauté,
l'innocence apparente du jeune Gabrias
étoient des conditions très-essentielles au
succès de mon projet , et son ignorance
n'y mettoit point d'obstacle ; plus je
trouvois une ame exempte d'opinions
factices et de notions erronées , plus elle
étoit susceptible des idées auxquelles je
me flattois de l'élever insensiblement.

Le penchant qu'il témoigna d'abord
pour moi se changea bientôt en une affection si vive , qu'il me pria de le
regarder comme un être qui m'appartenoit sans réserve. Mais au bout de quelques semaines , je m'apperçus que j'avois
fondé sur lui des espérances prématurées.
Il joignoit à sa vivacité une étourderie ,
une malice , une sensualité qui le rendoient incapable d'être initié dans les
mystères d'une philosophie dont le premier grade veut une ame purifiée de
tous les appétits corporels. Dès que j'eus
acquis

acquis la conviction de ce fait, je n'eus
aucun desir d'aller plus avant. Si je
n'avois voulu faire de mon élève qu'un
bon bourgeois d'Athènes, il s'en falloit
assurément de beaucoup que je dusse
renoncer à mon entreprise. Gabrias pouvoit être ce que ses compatriotes appelloient un homme aimable. Il jasoit fort
agréablement ; il avoit de l'esprit et des
à-propos enjoués ; il saisissoit au premier
coup-d'œil le ridicule des personnes ou
des choses, et possédoit à un degré prodigieux le talent de contrefaire la voix et
la démarche des autres hommes. Mais je
n'en pouvois tirer parti pour mon objet,
et je cherchai à m'en défaire le plus
promptement possible. Il sut pourtant
m'engager à le garder encore. Je me
laissai gagner par les démonstrations d'un
attachement extrême qu'il feignoit avec
beaucoup d'art, et qu'il appuyoit des
caresses les plus affectueuses. Mais sa
conduite, qui auroit été suspecte depuis
long-temps à quelqu'un de plus expéri-
menté que moi, me convainquit à la fin
que nous nous étions mépris l'un à l'égard
de l'autre. Je le chassai dès le même
jour ; et, dès le même jour, j'eus la vi-

site d'un vieillard mal vêtu , dont la physionomie n'annonçoit rien de bon. Il se dit le père de Gabrias , et se plaignit avec chaleur que j'eusse suborné son fils, qui, à l'entendre , étoit l'innocence même avant de tomber entre mes mains. Il finit par me demander un dédommagement pécuniaire , si je n'aimois mieux que , dès la nuit suivante , il allât m'accuser devant l'Aréopage. Je découvris bientôt que j'avois à faire à un homme qui en vouloit à mon argent, et qui ne s'embarrassoit guère de mes protestations ou des preuves que je pouvois alléguer. Je lui répondis cependant avec fermeté ; mais il me força de baisser le ton , en me disant que Gabrias étoit prêt à m'accuser de lui avoir fait violence. Ces gens étoient du plus bas étage ; mais moi , j'étois étranger , sans amis, et je pouvois m'attendre au déchaînement de toute la ville , et sur-tout du corps entier des philosophes, piqués d'avoir compté mal-à-propos sur moi , pour augmenter le nombre de leurs disciples. D'ailleurs , à part tous ces dé- savantages , j'aurois mieux aimé faire le sacrifice de ma fortune que de paroître en justice dans une semblable cause. Je

pris donc le parti de compter au vieillard
la somme passablement forte qu'il exigeoit pour se taire, de même que j'aurois
racheté d'un voleur mes jours ou ma
liberté. Cet événement suspendit d'une
manière douloureuse l'activité de mon
esprit. Le rebut de l'humanité tenoit ma
réputation dans ses mains. Cette idée me
rendit insupportable le séjour de l'Attique. Je crus ne pouvoir ni m'éloigner
assez tôt d'un peuple si peu en état de
me seconder, et chez lequel on étoit
exposé à de telles friponneries, ni mettre
un assez grand espace entre lui et moi.
J'emballai mes effets, et trois jours après
cette maudite aventure, je me rendis à
bord d'un vaisseau qui partoit pour
Smyrne.

L'ordre de mon apologie devroit maintenant me conduire à la mort de mon
père, et à mes liaisons avec les Chrétiens;
mais il s'écoula plusieurs années entre
mon séjour dans l'Attique et ces événe-
mens. L'Inconnu de Lucien a gardé le
silence sur cette partie de mon histoire.
Mais je suis forcé d'en parler : c'est un
préliminaire essentiel à qui veut juger
sainement du reste de ma vie.

Depuis que le démon de l'amour, manifesté à Socrate par la prophétesse Diotime, m'avoit fait découvrir que j'étois aussi une substance immatérielle, revêtue d'un corps, rien ne me sembloit plus naturel que le desir de faire une connoissance plus intime avec moi-même, avec les êtres de mon espèce, et avec ceux d'un ordre supérieur. C'étoit l'unique science qui me parût digne de moi, puisqu'elle me conduisoit directement à l'eudémonie, à cette volupté surhumaine, que rien de terrestre ne sauroit donner ni ravir. En quoi pouvoit-elle consister, sinon à vivre en Génie, à passer mon temps avec les Dieux et les Esprits, à parcourir successivement les degrés du beau, à me procurer enfin la connoissance et la jouissance de cette beauté originelle et suprême, de cette Vénus céleste, la source et le complément de toute beauté ? La grande question étoit de savoir comment et par quels moyens cela pouvoit s'effectuer, et, si ces moyens étoient de plusieurs espèces, quels étoient les plus courts et les plus expéditifs. Convaincu que Pythagore, parmi les anciens, et Apollonius, entre

les modernes, avoient réellement atteint
cette eudémonie, que peut-être même
ils étoient parvenus à son degré le plus
éminent, mon premier soin fut de recher-
cher tout ce qu'ils avoient laissé, et de
me lier intimément avec les personnes
initiées aux mystères de leur philosophie. J'avois été frustré dans l'espérance d'en trouver à Athènes. Le peu
de Pythagoriciens que j'y avois vus et
entendus paroissoient se contenter des
pratiques extérieures de leur secte, et
se targuer de prétentions qu'ils ne pouvoient ni ne souhaitoient réaliser. Voilà
pourquoi je fus forcé de choisir la vie
solitaire, qui apprêta si fort à rire aux
Athéniens amis de la dissipation, et de
m'en tenir à mes propres recherches et
à ces exercices de l'ame, qui servoient
de préparations naturelles aux grades
sublimes que je desirois si ardemment.

Le vaisseau sur lequel je m'étois em-
barqué aborda heureusement à Smyrne,
et mon bon Génie me voulut assez de
b en pour me faire faire connoissance,
dès les premiers jours de mon arrivée,
avec un vieillard appellé Ménippe, l'un
des habitans les plus distingués de la

ville, et qui, dans sa jeunesse, avoit
eu des relations intimes avec ce sage
dont j'étois curieux d'approfondir exactement la doctrine, avec le grand Apollonius.

L'enthousiaste Damis a parlé de ce
Ménippe dans ses voyages d'Apollonius.
Il rapporte à son sujet un conte plus
absurde que ceux dont les nourrices
amusent leurs bambins : Un incube, dit-
il, prit, pour s'en faire aimer, les traits
d'une jeune Phénicienne, monta une
maison magnifique, et conduisit son in-
trigue jusqu'au mariage. Mais le divin
thaumaturge se rendit au banquet nup-
tial, lorsqu'on l'y attendoit le moins,
fit disparoître tout le prestige de la fête,
ainsi que les valets et la vaisselle d'or
et d'argent, et força la future éplorée
et tremblante, d'avouer qu'elle étoit un
de ces revenans dont on fait peur aux
enfans indociles, et qu'elle n'avoit séduit
le noble Ménippe qu'afin de l'engraisser
et de le sucer ensuite tout vivant, attendu qu'elle et les autres Lamies ses
sœurs aimoient passionnément les jeunes
hommes bien nourris, dont le sang est
d'une pureté exquise.

Ménippe contoit cette histoire un peu différemment. L'incube prétendu n'étoit autre chose qu'une courtisanne étrangère, qui, fixée à Corinthe depuis plusieurs années, et se faisant passer pour une dame de Phénicie, attiroit chez elle les jeunes gens. Ménippe qui demeuroit pour lors à Corinthe, et qui étoit taillé en athlète, se laissa prendre dans les filets de cette belle. Apollonius l'avoit vu quelques semaines auparavant, dans toute la fraicheur et toute la force de la jeunesse. Il n'eut besoin d'être ni prophète ni demi-dieu pour juger à quel point la Phénicienne avoit fané les roses de ses joues. Il amena sans beaucoup d'effort ce jeune homme, qui lui étoit très-attaché, à convenir de tout, et il lui fit promettre de rompre un si dangereux commerce. Mais la Phénicienne, plus en état que personne d'apprécier le mérite de son amant, n'étoit pas d'humeur à souffrir qu'il lui fût enlevé. Il lui avoit réellement inspiré une passion violente, et comme elle avoit déjà laissé son printemps assez loin derrière elle, et qu'elle étoit réduite à emprunter du secours de l'art une grande partie de ses charmes, elle résolut de captiver Ménippe, en lui offrant sa main et les richesses qu'elle avoit accumulées aux dépens de ses adorateurs. Il céda dans un moment de foiblesse. La Phénicienne fit apprêter un superbe festin de nôces. Elle étala toute son argenterie, tous ses vases, toutes ses coupes d'or enrichies de pierres précieuses. Son but étoit d'exciter par le spectacle de son opulence, une reconnoissance plus vive dans le cœur de son amant. Tout réussissoit au gré de ses vœux, lorsqu'Apollonius, informé de ce qui se passoit, parut à l'improviste, et fit cesser le repas. La plupart des prodiges qu'opéroit cet homme extraordinaire, étoient, à ce que disoit Ménippe, l'ouvrage de sa stature imposante, et de son éloquence, à laquelle son aspect et le son de sa voix donnoient un ascendant irrésistible. En un mot, sa principale magie consistoit dans un extérieur qui avoit commandé le respect à des rois et à Démétrius lui - même. Est-il surprenant qu'une femme dont la conscience étoit chargée de tant de fautes, ait été déconcertée par l'apparition imprévue et par les discours d'un tel homme, qui la traita effectivement de Lamie , et se dit envoyé du ciel pour arracher son disciple de ses filets ? A la vérité , le festin , l'argenterie et les esclaves disparurent ; mais ce fut à un signal de la Phénicienne. Eperdue de frayeur , elle se jeta aux pieds d'Apollonius ; mais que pouvoient sur lui ses supplications et ses pleurs ? Il suivit la comparaison commencée de son caractère et de ses mœurs avec ce que la fable raconte des Lamies , sans le moindre ménagement , et dans des termes si expressifs , qu'elle douta presque si elle n'étoit pas véritablement une incube. Ménippe , honteux , intimidé , l'écoutoit en silence. Il le prit par le bras avec cette autorité qu'il savoit s'arroger sur ses jeunes amis , et l'entraîna avec lui , pendant qu'il ordonnoit à sa belle de sortir à l'instant de Corinthe , en la menaçant d'une punition rigoureuse , s'il lui arrivoit jamais de choisir ses dupes parmi ceux qui lui étoient chers.

Le vieux Ménippe me raconta une multitude de traits semblables , dont s'appuyoient Damis et ses pareils pour croire qu'Apollonius étoit au moins un demi-dieu sous une forme humaine ; mais, suivant lui, il avoit seulement prouvé qu'il étoit un homme doué d'une ame et d'un génie extraordinaires, et c'étoit avoir beaucoup prouvé. Il est naturel, disoit-il, que le vulgaire regarde comme supérieur à l'humanité celui qui atteint le plus haut degré de sublimité où puissent s'élever les hommes, et qui par conséquent est si fort au-dessus de lui que la tête lui tourne, lorsqu'il veut le considérer. Nous disputions souvent sur cet article. Je ne pouvois, sans renverser tout l'édifice de mes opinions, renoncer à l'agréable habitude d'envisager Apollonius comme l'un des plus brillans exemples de Génies descendus à la condition d'hommes ; et Ménippe, soit qu'il en eût fait l'observation, soit qu'il tînt foiblement à ses idées, se contentoit pour l'ordinaire de se retrancher, à l'aide d'un peut-être, dans l'ignorance socratique.

Je lui demandois un jour comment il se faisoit qu'un sage tel qu'Apollonius n'eût point laissé de disciples dignes de lui, et que ce second Pythagore, ou même ce Pythagore ressuscité eût eu si peu d'influence sur les Pythagoriciens de son tems. Il parut regarder cela comme une preuve et une conséquence naturelle de l'idée qu'il avoit d'Apollonius. Un homme très-supérieur à son espèce, me dit-il, a, par cette raison même, beaucoup d'admirateurs, de partisans superstitieux, d'imitateurs puérils et de fidèles échos ; mais il n'a point de fils, point d'héritiers de son génie, de ses talens, de son caractère. S'il est permis néanmoins d'ajouter foi à un bruit qui vient de se répandre, il s'est trouvé dans le pays d'Halicarnasse, une sorte de prophétesse ou de magicienne, qui fait exception à cette règle. On en parle très-diversement. Les uns la font passer pour une prêtresse égyptienne ; suivant d'autres, elle n'est rien moins que la Sybille Erithrée, qui reparoît après une éclipse de mille ans ; mais le plus grand nombre la croit fille d'Apollonius, à qui elle ressemble prodigieusement ; et pour illustrer encore plus son origine, on lui donne pour mère je ne sais quelle Déesse ou Nymphe, avec qui il l'a engendrée, après s'être dérobé aux yeux des hommes, dans une des îles fortunées qu'il a choisie pour retraite. En un mot, Théoclée,

c'est ainsi qu'on l'appelle , est une personne très-mystérieuse ; mais on tient
pour constant que ni le passé ni l'avenir
ne lui sont inconnus , qu'elle est en
relation avec les Dieux , qu'elle a opéré
plusieurs guérisons miraculeuses , et
qu'elle est en état de faire des choses
qui surpassent l'intelligence. Si la vieillesse , ajouta Ménippe , ne m'enchaînoit
pas à Smyrne, j'aurois entrepris le voyage
d'Halicarnasse pour lier connoissance
avec cette femme étonnante , et pour voir
si elle ressemble aussi parfaitement qu'on
le dit à mon maître Apollonius , dont
l'image ne s'effacera jamais de mon souvenir. Je lui demandai s'il n'avoit point
de statue ou de buste de ce grand-homme.
J'en ai plus d'un , me répondit-il ; et il
me conduisit dans un petit Muséum, où,
parmi les bustes de plusieurs personnages fameux, il m'en montra quelques uns destinés à représenter Apollonius , mais à chacun desquels il trouvoit beaucoup à reprendre. Je gravai
profondément dans mon ame les traits
de celui qu'il me dit être le plus res-
semblant, et sans lui en rien laisser appercevoir , je convins avec moi-même
que

que la lune n'achèveroit pas deux de
ses révolutions, sans que je me fusse
convaincu par mes propres yeux de la
fausseté ou de la vérité de cette ressemblance.

J'allai par terre de Smyrne à Halicarnasse, et cela avec tant de célérité,
que je ne m'arrêtai pas même à Ephèse,
pour voir le temple de Diane, qui, en
tout autre temps, m'auroit fourni à lui
seul le motif d'un long voyage. Plus
j'approchois, plus j'entendois parler de
la sage Théoclée, ou, comme plusieurs
la nommoient, d'Apollonia. On racontoit des choses extraordinaires et même
exagérées, suivant la coutume, de ses
oracles et de ses prodiges, de la demeure solitaire qu'elle avoit choisie dans
un bois consacré à Vénus-Uranie, de
son habitation située entre des rochers,
dont l'accès n'étoit permis à aucun mortel, et où elle étoit servie par des Nymphes invisibles, enfin, de la réception
qu'elle avoit faite à certains audacieux,
qui, par malice ou par d'autres vues
criminelles, avoient osé pénétrer, sans
sa permission, dans son mystérieux
séjour. Tous ces propos augmentoient

Tom. I.   E

le désir que j'avois de connoître le plutôt possible cette fille d'Apollonius ; car
j'étois disposé à la reconnoître pour telle,
sans l'avoir ni vue ni observée. J'étois
d'ailleurs charmé qu'elle habitât des lieux
consacrés à Vénus-Uranie. J'en concluois
qu'elle avoit un commerce direct avec
cette déesse, dont la contemplation étoit
depuis si long-temps l'objet de tous mes
vœux. Le seul embarras étoit de savoir
comment je parviendrois jusqu'à elle,
moi qui en étois repoussé par ma qualité d'étranger, par mon sexe et par mon
âge. Après y avoir bien rêvé, le moyen
le plus convenable me parut être de
l'informer par écrit de mes intentions.
Sans me nommer, je lui fis mon portrait en peu de mots, mais avec énergie.
Je lui exposai l'ardent désir que j'avois
d'être initié aux mystères de la magie
la plus sainte et la plus sublime, et tout
ce q j'avois déjà fait en vue de m'y
préparer. Pour me mettre encore mieux
dans son esprit, j'ajoutai ce qui étoit
vrai, que depuis bien des années, j'avois
fait vœu à la Vénus céleste, comme à
la source et à la plénitude de la beauté,
de me conserver pur de tout amour ter-

restre et de toute jouissance charnelle,
et de maintenir mon ame et mon corps
dans une innocence parfaite, comme
entièrement consacré à son service. Je
finissois par lui demander si mon desir
étoit agréable à la Déesse, et ce cas supposé, quelle marche je devois suivre.

A quarante ou cinquante pas du rocher
où demeuroit Théoclée, s'étendoit une
épaisse clôture de myrtes sauvages,
dont la porte étoit toujours fermée. On
voyoit devant cette porte un grand sphinx
de marbre blanc. Ceux qui avoient des
questions à faire à la prophétesse, mettoient dans la bouche de ce sphinx un
papier sur lequel elles étoient écrites ; mais
comme il n'en coûtoit rien pour obtenir
des réponses ou des secours, la permission
de s'adresser à Théoclée, par cette voie,
étoit restreinte à une certaine heure d'un
certain jour de la semaine, et l'accomplissement des vœux que l'on avoit formés dépendoit absolument du caprice
de la déité ou de sa prêtresse. Aussi quiconque se sentoit coupable d'une mauvaise action, ou taché d'une souillure
qui pouvoit l'exposer au courroux de la
Déesse, se gardoit bien de franchir le

fossé qui séparoit l'enceinte sacrée du reste de la forêt ; et l'on chargeoit d'ordinaire un enfant qui n'avoit pas encore douze ans accomplis, de mettre les billets dans la bouche du sphinx.

Je m'étois fait dresser une tente de l'autre côté du fossé. C'étoit là qu'un vieux serviteur, le seul que j'eusse avec moi, m'apportoit les choses de première nécessité. Mais du moment où ma lettre fut sortie de mes mains, je passai tout le jour dans l'intérieur du bocage ; je regardois le calme, l'obscurité qui y régnoient comme très-propres à me procurer cet isolement, ou cette mort des Pythagoriciens qui devoit me conduire à la vie des êtres immatériels, au sanctuaire resplendissant, où j'étois sûr de contempler sans voile les secrets des Dieux. Ce bocage ne paroissoit habité que par une multitude innombrable de colombes blanches comme la neige, couleur symbolique, emblème de la pureté requise pour s'unir à la suprême beauté. Je voyois aussi dans le roucoulement de ces oiseaux, seul bruit qui se fit entendre en ce lieu tranquille, l'image de l'ardent désir dont mon ame étoit possédée. La saison , c'étoit vers le commencement de l'été ; la sérénité du ciel de ce beau climat, auquel le monde en a bien peu de comparables ; la chaleur tempérée par le plus agréable zéphir , tout concourut à plonger un jeune homme de vingt ans , aussi bien organisé que moi , dans cette espèce de rêverie, dans cet assoupissement des sens que le vol d'un papillon suffit pour dissiper , où l'imagination exaltée peut tout voir , et l'ame s'ouvrir aux sensations les plus atténuées. C'est alors que dans des instans d'une petitesse incalculable , nous voyons et nous entendons ce qu'aucune langue ne peut décrire , ce qu'aucun Apelle ne sauroit peindre, ce qu'aucun favori des Muses n'a le don de soumettre aux règles de l'harmonie.

Après que j'eus passé dans ces extases la plus grande partie du jour et de la nuit, une lassitude qui n'étoit pas sans agrément fut cause que je m'endormis sous des lauriers. A mon réveil, je trouvai sur moi la réponse de la fille d'Apollonias. Quel fut mon étonnement ! je ne m'étois point nommé dans la lettre ; je n'étois connu de personne dans la

Carie ; cependant je lus sur l'adresse :
A Peregrinus Protée , de Parium. Ma
surprise ne put être surpassée que par
la joie que je ressentis en lisant. Ma
demande plaisoit à la Déesse, et je n'a-
vois qu'à me trouver après minuit devant
la porte de l'enceinte sacrée.

Je serois trop long si je voulois rendre
compte de tout ce qui se passa en moi ,
jusqu'à cette heure solemnelle. Après
m'être baigné trois fois dans une source
qui jaillissoit de l'un des rochers du
bocage , après m'être vêtu d'une robe
blanche qui n'avoit pas encore été mise,
je me rendis au lieu désigné , et , le
cœur palpitant , j'attendis que la porte
vînt à s'ouvrir. Elle s'ouvrit enfin , et
se referma aussitôt derrière moi. Je me
trouvai entre deux murailles de myrte ,
dont ma tête n'atteignoit pas la hauteur.
Cette allée très-longue me conduisit à
un bosquet de rosiers. Là , le parfum et
la beauté des fleurs, le doux mélange
de lumière et d'ombre que produisoient
le clair de lune et l'épaisseur des arbustes,
firent sur moi une impression presque
magique. Je me crus transporté dans la
sphère qui est , à proprement parler ,

le séjour de Vénus. L'éclat qui m'entouroit étoit le reflet de son sourire, et l'air embaumé que je respirois, l'haleine de sa bouche charmante. La sensation voluptueuse dont mon être fut inondé, me délivra de toute espèce d'inquiétude. Je me figurois n'avoir plus de corps, et je n'avois pas encore senti d'une manière aussi vive, aussi intime, ma nature spirituelle. Dans cet état d'ivresse, j'errois, ou plutôt je voltigeois sous ce bosquet enchanteur, lorsqu'une femme, d'une taille majestueuse, s'avança lentement vers moi. Plus elle s'approcha, plus, soit vérité, soit prévention, je découvris en elle de ressemblance avec le buste d'Apollonius, et le portrait détaillé que m'en avoit fait le vieux Ménippe. Elle paroissoit avoir entre 40 et 50 ans; mais, en la voyant, on ne pouvoit douter que, vingt ans plutôt, elle n'eût été parfaitement belle. Ses traits étoient mêlés de la douceur propre à son sexe, autant qu'il le falloit pour répandre de l'agrément sur la gravité de sa physionomie, noble il est vrai, mais presque mâle. Sous une tunique longue, blanche et à petits plis que serroit au-dessous de son sein une large et riche ceinture, elle portoit un vêtement bleu-céleste, rehaussé de petites étoiles d'argent, dont les manches lui tomboient jusques sur les mains. Ses cheveux noirs, rattachés autour de son front avec le ruban bleu qui est la marque distinctive des prêtresses, descendoient en longues boucles sur ses épaules. Je demeurai immobile pendant qu'elle vint à moi avec autant de grace que de dignité; et lorsqu'elle se fut arrêtée à la distance de quelques pas, je m'approchai d'elle et lui parlai en ces termes : Je ne crois pas me tromper, lorsque j'honore en toi la fille du grand Apollonius et l'héritière de sa sublime sagesse. Quant à moi, je n'avois pas besoin de me nommer à celle qui, sans m'avoir jamais vu, a deviné d'elle-même qui j'étois. Tu ne seras donc point étonné d'apprendre, me répondit-elle, que dans la première nuit de ton arrivée à Halicarnasse, Apollonius m'est apparu en songe, m'a confié le but de ton voyage, et m'a conseillé de seconder l'accomplissement de tes vœux. J'avoue que ces paroles ne laissèrent pas de flatter mon amour-propre.

Elles me confirmoient dans l'idée que j'avois de moi-même, et me garantis-soient la vérité de mes opinions favorites. De ce moment, mes plus orgueilleuses pré-tentions ne furent à mes yeux que des efforts légitimes pour atteindre à des pré-rogatives qui m'étoient dévolues par ma naissance. Théoclée me conduisit dans une allée que formoit un double rang d'orangers, et qui, par une montée douce, se terminoit à un temple de marbre. Nous nous assîmes sous le portique, et quoique Théoclée ne dît pas grand chose, elle sut m'amener insensiblement à lui raconter dans le plus grand détail les particularités de ma vie. Tout ce que je lui disois d'extraordinaire lui parois-soit fort naturel. Elle observa en passant que le dénouement imprévu de mon in-trigue avec la belle hypocrite, c'est ainsi qu'elle nomma Callippe, annonçoit visi-blement que ma bonne étoile me réser-voit une haute destinée, un bonheur qui, même dans l'âge d'or, n'avoit été départi qu'à un petit nombre d'élus. Dès que j'eus achevé mon récit, elle se leva, me prit par la main, et me conduisit par un sentier qui tournoit dans les bosquets. Pendant qu'elle m'assuroit que j'entendrois bientôt parler d'elle, je reconnus à deux pas de moi la porte par laquelle j'étois entré. Théoclée avoit déjà disparu. La porte s'étant ouverte d'elle-même, ainsi que la première fois, se referma de nouveau dès que j'en eus passé le seuil ; et je me trouvai comme au sortir d'un beau rêve, dans le pourtour extérieur du bocage.

Le jour commençoit à poindre, lorsque Théoclée me congédia. J'errai, je m'assis tour-à-tour jusqu'à ce que le soleil eût fourni la moitié de sa carrière. Alors je m'endormis à la suite d'un léger repas, au sein de l'agréable tourbillon de pensées, de pressentimens et de rêveries que l'aventure de la nuit précédente avoit en partie laissés, en partie réveillés dans mon ame. Je ne rouvris les yeux que le soir. J'apperçus devant moi un petit garçon d'environ dix ans, qui étoit nud et dont la beauté me sembla plus qu'humaine. Couronné de roses, il avoit à la main une tige de lys qui me fit souvenir de l'Amour d'Anacréon. Sans parler et avec le sourire de l'innocence, il me fit signe de le suivre, marcha devant moi, et me conduisit au sommet d'un rocher, à l'entrée d'une grotte, dont la voûte avoit beaucoup d'élévation. Elle n'étoit éclairée que par une seule lampe, et à chaque pas, elle devenoit plus basse et plus étroite. Mon petit conducteur ouvrit une porte, et je me trouvai dans une salle pavée de marbre, dont l'ouverture intérieure me laissa voir une petite table servie dans une chambre vaste et bien éclairée.

Tandis que je cherchois en vain mon guide, la fille d'Apollonius vint au devant de moi. Tu m'es trop bien recommandé, me dit-elle en souriant, pour qu'il me soit permis de ne pas te regarder comme un hôte qui me vient d'Apollonius. En même temps elle me fit mettre à table vis-à-vis d'elle. Elle étoit plus gaie, moins imposante que la veille, mais du reste majestueusement vêtue, et son ruban de prêtresse lui donnoit l'air d'une vestale en négligé. La petite table étoit servie avec gout. Une seule Nymphe, jeune, aimable, à demi épanouie comme un bouton de rose, nous tint lieu de serviteurs. Pendant que je faisois honneur au repas de mon obligeante hôtesse avec tout l'appétit d'un homme de mon âge, qui, depuis quelques jours, n'avoit vécu que d'alimens légers, Théoclée me parla de mes voyages, des beautés de Smyrne et du temple d'Ephèse. Elle parut flattée d'apprendre que l'impatience où j'étois d'arriver à Halicarnasse, ne m'avoit pas donné le temps de considérer cette merveille du monde. Lorsqu'on eut desservi, elle versa un peu de vin dans une coupe d'or, fit une libation en l'honneur de la Déesse, et remplissant de nouveau la coupe, me la tendit suivant les loix de l'hospitalité. Je bus alors d'un vin qui ne peut être surpassé que par le nectar des Dieux. Nous nous levâmes enfin, et pendant que la jeune Nymphe nous présentoit dans un vase de vermeil de l'eau pour nous laver les mains, la table disparut, sans que je pusse voir où elle étoit allée. Théoclée ouvrit une petite porte, qui donnoit sur une terrasse d'où l'on avoit la perspective de ce charmant désert, et plus loin, à l'aide d'une ouverture ménagée dans le bois, celle de la mer, qui rappelloit l'idée de l'infini. Nous nous rassîmes en ce lieu. La jeune Nymphe apporta un luth.

luth. Théoclée préludant par quelques
morceaux pleins d'harmonie et de douceur, finit par un hymne en l'honneur
de Vénus-Uranie, qui pénétra mon ame
entière d'un sentiment religieux. Je crus
entendre la sublime Théano ou sa fille
Myja célébrer le calme céleste en présence de Pythagore et de ses disciples
attentifs. Cela fait, elle rendit l'instrument, me conduisit dans une chambre
préparée pour me recevoir, et qui n'étoit
éclairée que par les rayons de la lune,
me souhaita d'un air solemnel, un sommeil saint et salutaire, et s'éloigna.

Ce qui paroîtra peut-être plus merveilleux que tous ces prestiges, c'est que
je les voyois sans surprise et sans admiration, comme des choses qui ne sur-
passoient point mon attente, en un mot,
comme les choses du monde les plus
naturelles et les plus à leur place. La
seule impression qu'ils faisoient sur moi
se réduisoit à me convaincre, par le té-
moignage de tous mes sens, que j'étois
véritablement chez la fille d'Apollonius,
chez l'héritière de sa sagesse et de s s
mystères. Cela supposé, tout ce que je
voyois autour d'elle auroit pu être encore

Tom. I.   F

plus étrange, sans que j'en eusse été déconcerté un seul instant. Dès ma plus tendre jeunesse, mon imagination étoit familiarisée avec tous les genres de merveilleux, et ce qui se nomme prodige dans le cours ordinaire des évènemens, étoit suivant ma manière de penser, conforme à la nature dans la classe éminente à laquelle appartenoit Théoclée. Ainsi je m'abandonnai sans trouble à la joie d'une réception aussi flatteuse, et je m'endormis dans un cahos d'espérances, plus sublimes les unes que les autres.

Je m'éveillai avec le jour. Le premier objet qui frappa mes regards, fut un tableau de main de maître, qui, renfermé dans un cadre superbe, occupoit toute une muraille de ma chambre. Il représentoit Vénus et Adonis, au moment où cette Déesse, entourée d'un nuage couleur de rose, descendoit de son char traîné par des cygnes sur une colline des bosquets d'Idalie. Une des Graces tenoit les rênes, et les deux autres, formant avec Vénus le plus charmant des grouppes, lui aidoient à descendre. Adonis, étendu à ses pieds, levoit les yeux sur elle avec l'expression du plus ardent amour. Il avoit l'air de vouloir étendre ses bras vers elle, et d'être retenu par une frayeur religieuse.

Je n'entreprendrai point de décrire les émotions que ce spectacle inattendu et qui me peignoit si bien l'état de mon ame, excita dans tout mon être. Il suffit de dire que ce tableau m'occupa délicieusement l'espace de quelques heures. Cependant, malgré l'extase où me plongeoit la beauté de la Déesse, je sentis mon ravissement s'affoiblir à force de la contempler, et ses charmes me parurent insensiblement au-dessous de l'idéal que j'avois conçu ; non qu'il m'eût été possible d'imaginer de plus belles formes ou un ensemble plus parfait ; mais il lui manquoit la gloire où je me la représentois, ce charme inexprimable et divin qui ne sauroit se peindre. Je finis par m'éloigner de ce tableau dont je ne pouvois d'abord me rassasier. Tandis que mes yeux se portoient sur divers morceaux admirables qui composoient l'ameublement de cette chambre, j'apperçus sur une petite encoignure d'ébène un coffret d'ivoire garni d'or, auquel

tenoit une clef du même métal. Jugeant
par là qu'il étoit permis de l'ouvrir,
je me servis de la clef, et que l'on se
représente ma joie ! J'y trouvai un rouleau de parchemin, couleur de pourpre,
écrit en lettres d'or, qui avoit pour
titre : APOLLONIUS DE THYANE SUR
LES THÉOPHANIES. Je m'emparai de ce
trésor, avec autant d'empressement que
de vénération et de crédulité. Je me
mis à le lire avidement. Je n'étois pas
encore bien avancé dans ma lecture,
lorsque Théoclée me fit dire par la jeune
Nymphe, qu'elle ne me verroit pas de
la matinée, mais que j'avois sans doute
rencontré de quoi occuper suffisamment
mon loisir, et qu'au surplus je pouvois
me conduire en tout point, comme si
j'étois dans ma propre maison. Je mis
le rouleau dans mon sein, et je m'enfonçai dans un bocage. Je vis bientôt
paroître le bel enfant qui la veille m'avoit
servi de guide. Il plaça sur un guéri-
don de marbre une corbeille où étoit
mon déjeûner, et disparut sans me dire
un seul mot. Je passai la matinée entière
à lire et à relire mon manuscrit. A la
vérité le langage dans lequel il étoit com-

posé ne m'aidoit pas beaucoup à l'entendre ; mais cette difficulté ne faisoit que donner plus d'activité à mon intelligence. Le milieu du jour me surprit dans cette douce occupation , et je m'endormis, accablé par la chaleur , au milieu des rêveries les plus étranges.

Quand la chaleur fut passée , mon petit muet parut de nouveau. Il me mena dans un bain de marbre extrêmement orné , où il me servit en silence tout ce que l'on peut desirer en un pareil lieu. Enfin, lorsque le jour vint à baisser, Théoclée me fit savoir qu'elle m'attendoit dans la grotte. Elle me reçut avec bienveillance. Notre conversation roula sur le traité d'Apollonius. Elle me demanda si je l'avois compris en entier ; je lui avouai que non. Elle en prit occasion de répandre autant de lumière que j'en pouvois supporter , sur ce qui devoit nécessairement m'y sembler obscur. Elle distingua deux sortes de théophanies : Les Dieux, dit-elle , se sont manifestés aux mortels qu'ils chérissoient , tantôt d'une manière , tantôt d'une autre , absolument au gré de leur fantaisie , mais quelquefois aussi à la volonté des hommes,

F 3

et forcés par des moyens que la magie théurgique met à notre disposition. Ce n'est pas qu'il ne dépende toujours des Dieux de se communiquer plus ou moins ou même de ne point se communiquer du tout. Mais on peut influer sur leur penchant, et les contraindre à un retour d'affection. Dans tous les cas, on ne sauroit parvenir à cette communication, si ce n'est par degrés, et par les moyens dont ils se servent eux-mêmes pour s'abaisser jusqu'à nous, dans la même proportion que nous nous élevons jusqu'à eux. Les plus sublimes et les plus bienfaisans des Dieux se sont toujours montrés sous la forme humaine, et voilà sur quoi se fonde le respect que nous devons à leurs images ; on les regarde comme des monumens d'anciennes théophanies. Suivant que l'ame s'est trouvée capable, en considérant ces images avec attention, de s'isoler de tout autre simulacre et de toute autre pensée, on les a vues plusieurs fois devenir les véhicules de faveurs extraordinaires, et l'on fait toujours sagement d'employer ce moyen, quelle que puisse en être la suite. Elle dépend, il est vrai, de la volonté des

Dieux ; mais elle dépend aussi beaucoup de la nature du sujet et de l'énergie
des sentimens.

Cette théorie, que je me contente d'es-
quisser , étoit d'autant plus claire à mes
yeux , qu'elle s'accordoit parfaitement
avec mes propres idées et qu'elle tendoit
à les fortifier encore davantage. La prêtresse ajouta diverses instructions qui
me firent prendre une haute idée de
son savoir en magie. Entr'autres choses ,
elle parla avec mépris de certaines mé-
thodes à l'aide desquelles de prétendus
théurgistes croyoient pouvoir forcer les
Dieux à leur apparoître. On ne sauroit
nier , dit-elle , qu'il y ait , par exemple ,
des odeurs qui leur sont agréables ; car
ils aiment en tout ce qui est pur et
parfait. Mais vouloir les attirer par des
fumigations ou par des chants magiques ,
c'est une idée puérile , et il n'y a pas
d'autre secret de les attirer vers nous
que celui par lequel nous nous élevons
jusqu'à eux , savoir : le désir passionné
d'une ame purifiée de tout autre intérêt ,
de tout autre désir. Ces prétendus théurgistes ont peut-être ouï dire que les Dieux
avoient coutumé d'annoncer leur pré-

sence par des odeurs célestes, par des concerts aériens ou par une lumière telle qu'on n'en voit point ici bas, et ils en ont conclu sans fondement qu'il étoit possible de les attirer par des fumigations et des épodes. Toujours est-il certain que la fausse magie a recours à de pareils moyens pour opérer des apparitions illusoires de Dieux et d'Esprits, et par cette raison même, les vrais théosophes s'abstiennent de ces secrets équivoques.

Lorsqu'elle eut cessé de parler, je la priai avec instance de ne pas me fermer plus long-temps le sanctuaire de la Déesse, supposé qu'elle ne me jugeât point indigne d'y être admis. Elle me répondit que ce temple étoit inaccessible à tout profane ; mais qu'il me seroit ouvert, comme de raison, dès la nuit suivante. Bientôt elle fit apporter notre souper ; ce repas entièrement conforme aux préceptes de Pythagore, ne fut composé que de mets légers et de fruits. Nous ne bûmes que de l'eau versée dans des coupes de crystal ; mais cette eau étoit la plus pure, la plus légère et la plus fraîche que j'eusse jamais bue. Après souper, nous entendîmes, à quelque distance, un concert invisible et ravissant d'instrumens et de voix. Nous nous assîmes dans le bosquet de rosiers, et pendant un certain temps, nous prêtâmes l'oreille à cette harmonie. Elle s'affoiblit peu à peu, et sembla se perdre dans les airs. Mon hôtesse se leva pour lors : Il est temps, me dit-elle, de satisfaire ton desir. Tu verras la sainte image de la Déesse, et il dépendra d'elle de se communiquer plus ou moins elle-même par ce médium. Qu'à dater de ce moment, jusqu'au lever du soleil, un religieux silence repose sur tes lèvres !

Je courbai la tête en signe de reconnoissance et de soumission, et nous suivîmes à pas lents l'avenue d'orangers qui aboutissoit au temple. Nous trouvâmes à droite sous les portiques, trois jeunes filles, et à gauche trois garçons de douze ans, vêtus de longues robes blanches, et qui paroissoient nous attendre. Théoclée ouvrit la porte extérieure, et nous entrâmes dans une salle, au fond de laquelle étoit une porte dorée, par où l'on passoit immédiatement dans le temple. De chaque côté, il y avoit une

chambre où devoient s'habiller les personnes à qui l'entrée du sanctuaire étoit
permise. Théoclée se rendit dans l'une
avec les trois jeunes filles, et me fit
signe de suivre dans l'autre les trois petits
garçons. Tout ce que nous avions à faire
s'exécuta dans le plus profond silence.
Avant tout, je me lavai le visage et
les mains. Les enfans m'ôtèrent ensuite
mon pallium, me vêtirent d'une longue
robe de soie d'une blancheur éclatante,
et m'attachèrent une ceinture d'étoffe
d'or, enrichie de perles fines. Lorsque
je fus habillé, ils me conduisirent hors
de la chambre, s'inclinèrent devant moi
en croisant les bras sur leur poitrine,
et se retirèrent.

Théoclée revint presqu'au même instant. Par dessus une tunique couleur de
rose qui ne lui descendoit que jusqu'aux
hanches, elle avoit une chlamyde de
pourpre à manches longues et amples.
Son épaisse chevelure flottoit en liberté
sur ses épaules, et l'on distinguoit une
étoile de topazes au milieu du ruban
qui ceignoit son front. On l'eut prise pour
une déesse, et je ne l'avois encore vue
ni si belle, ni si éblouissante. Elle passa

devant moi , les yeux baissés , avec les jeunes filles , se servit d'une clef d'or pour ouvrir la porte qui donnoit dans le temple et la referma derrière elle , après que ses acolytes y furent entrées Peu après la porte se rouvrit ; les quatre mystagogues vinrent lentement à moi ; Théoclée me ceignit le front d'un ruban pareil au sien ; une des jeunes filles posa sur ma tête une couronne de myrte. Une autre me mit dans la main droite une tige de lys , et la troisième , une branche de rosier dans la gauche. Après quoi la prêtresse me toucha les yeux avec trois doigts de sa main droite , me fit signe d'entrer dans le temple , et m'y enferma.

Le cœur me battoit avec force. Je demeurai debout près de la porte en tâchant de me rassurer , tandis que promenant mes regards autour de moi , j'admirois l'élégance de l'architecture et des ornemens. Un torrent de lumière venoit jusqu'à moi de l'enfoncement du temple, où paroissoit la Déesse , au milieu d'une gloire radieuse. Devant elle , en tirant un peu vers a droite , étoit agenouillé un Amour de marbre, les épaules chargées d'un carquois d'or , semblable pour la forme à la corne d'Amalthée, d'où s'élevoit avec le parfum le plus ravissant une flamme extrêmement claire, qui renvoyoit un reflet charmant sur la statue de la Déesse. Cette statue surpassoit en grandeur toutes celles que j'avois vues jusqu'alors. Elle me parut réunir la majesté divine à une beauté qui n'admettoit point de comparaison, et qui faisoit taire tous les desirs excités par d'autres objets. Une puissance irrésistible me prosterna devant elle. J'adorai dans ses traits la splendeur visible de la beauté suprême, et pendant que je la contemplois, je me sentis embrasé de la passion la plus pure. Je m'aperçus enfin que le flambeau de l'Amour étoit sur le point de s'éteindre, et je me retirai asséz à temps pour n'être pas réduit à chercher la porte à tâtons. Je déposai auparavant aux pieds de la Déesse ma couronne de myrte, ma tige de lys et ma branche de rosier. Je rencontrai en sortant un des petits garçons qui m'ôta le vêtement de cérémonie, et je m'éloignai, emportant dans mon cœur une nouvelle image, qui, si j'ose m'exprimer ainsi, en remplissoit toute la capacité.

Pendant

Pendant toute la nuit, dormant ou éveillé, je ne fis que rêver à l'objet de mon adoration. Tantôt je me croyois encore prosterné devant la Déesse, tantôt j'errois à ses côtés dans les bosquets d'Amathonte, tantôt je me sentois transporté avec elle dans la sphère céleste de la Beauté et de l'Amour ; et là, je voyois et j'entendois des choses pour lesquelles l'homme n'a point de langage. Chez tout autre, cette situation d'esprit seroit peut-être devenue une véritable démence. Mais j'y étois si bien préparé de longue main ; elle s'accordoit si bien avec mes idées, et avec toute ma manière d'être, que je ne fus jamais aussi gai, aussi sain et aussi heureux.

Je passai le lendemain une partie de la matinée avec la Prêtresse dans le bosquet de rosiers. Elle me dit que désormais j'étois libre de visiter le temple aussi souvent qu'il me plairoit, sans avoir besoin de sa présence, ou de cérémonies particulières ; que pour m'en donner la facilité, elle me remettroit une clef dont je ferois usage à ma fantaisie, avec cette seule restriction de ne pas ouvrir le temple avant le coucher du soleil, et de le fermer avant que cet astre remontât sur l'horison. La Déesse, ajouta-t-elle, est satisfaite de la pureté de tes sentimens, et je me trompe fort, ou elle te réserve un destin qui écheoit rarement aux enfans même des sages ; mais il ne m'est pas permis de t'en dire plus.

Elle me demanda si j'avois été à Gnide ; je lui répondis que non. Ainsi, continua-t-elle, tu ne connois que de réputation la célèbre Vénus de Praxitèle ? Mais probablement tu as vu celle d'Alcamène chez les Athéniens. Plus d'une fois, repris-je. Mais qu'elle est peu comparable à celle-ci, ou plutôt quel immense intervalle entre ce que me fait éprouver l'aspect de l'une et celui de l'autre ! L'une, reprit Théoclée, te fit éprouver une admiration froide et calme ; mais celle-ci ! —Une sensation que mon ame entière pouvoit à peine soutenir. Dans l'une, je n'ai vu que le symbole de la suprême beauté ; dans l'autre, j'ai reconnu, j'ai senti la présence même de la Déesse. Quoi qu'il en soit, dit-elle, je dois t'avertir d'être en garde contre ton imagination. Cette faculté combat souvent les inspirations d'en-haut, et nous repaît de chimères, lorsque nous posséderions la réalité sans son intervention superflue. Tu as cru sentir la présence même de la Déesse, et ce n'étoit qu'une illusion. Le plus sûr moyen de te garantir des surprises de l'imagination, c'est de réprimer son activité, afin de t'abandonner sans réserve aux mouvemens de ton cœur. Ce n'est que par eux que tu dois espérer de te rendre la Déesse favorable. C'est au cœur, et non pas à l'imagination que ses communications s'adressent. A ces mots, elle me quitta, pour me laisser le temps de réfléchir sur la justesse de cette leçon.

Il est inutile de remarquer les progrès successifs de ma sublime passion. Ainsi, je ne dirai rien de la visite que je fis la nuit suivante dans le temple, sinon que la contemplation de la Déesse produisit cette fois sur mes sens une impression si vive, tandis que j'obéissois de mon mieux aux préceptes de Théoclée, que je me défiai de moi-même. Je me hâtai de sortir du temple, dans une agitation excessive, et je résolus de ne point m'approcher de la Déesse, que je n'eusse purifié mon amour de tout ce qu'il avoit de terrestre, puisqu'il devoit être entièrement métaphysique, pour me rendre digne de l'apparition, qui étoit le seul but de mes souhaits. Je n'eus pas le courage de faire part à Théoclée de cette résolution. Je ne me flattai pas de trouver des termes assez choisis pour traiter avec elle un sujet aussi délicat, sans exciter dans son esprit des idées peu convenables. Cependant elle dut remarquer sans peine que je n'étois pas parfaitement à mon aise. J'étois inquiet, mélancolique, distrait. Je cherchois la solitude pour lui cacher la situation de mon ame, sans songer que je la décelois par ces précautions même. Elle feignit de ne pas s'en appercevoir; et, à mon exemple, elle évita tout ce qui auroit pu amener une explication. La journée se passa ainsi. Quand la nuit fut venue, je me rendis assez maître de moi pour m'interdire la vue de la Déesse. Je pris cependant plus de dix fois le chemin du temple. Une fois même j'allai jusqu'à la porte extérieure.

Cette abnégation cruelle me coûta une nuit d'insomnie. Mon trouble s'en accrut, et j'étois le lendemain si pâle et si fatigué que Théoclée ne put se dispenser d'en faire l'observation. Protée, me dit-elle, qu'as-tu fait de ta gaieté? qu'est devenue la sérénité de ton front? d'où vient cette pâleur, ce feu sombre qui étincelle dans tes yeux? Pourquoi n'allas-tu pas hier au temple? pourquoi cette nuit passée à parcourir les bosquets et les allées qui l'environnent? Je fus long-temps sans trouver une réponse à ces questions. Enfin, non sans beaucoup d'embarras, je tâchai de lui avouer mes scrupules, en mesurant mes expressions, au risque de me rendre inintelligible. Elle parut m'envisager avec étonnement, quoiqu'elle ne m'eut que trop bien compris; et, après un moment de silence, elle me dit, en me prenant par la main: Tu es un peu extraordinaire, Protée, et la Déesse te marque trop de bienveillance. N'est-elle pas libre de décider par quelle sorte d'influence elle veut montrer le pouvoir qu'elle a sur toi? et comment tes sens pourroient-ils demeurer impassibles aux délicieux effets de sa présence, lorsqu'elle pénètre de joie la Nature entière? Comment peux-tu croire que la Déesse exige de toi quelque chose d'impossible et de surnaturel? L'amour qu'elle t'a inspiré n'est-il pas son ouvrage ? L'amour peut-il exister sans désir, et le désir sans mouvemens qui l'annoncent ? L'amour le plus pur, et Vénus-Uranie ne sauroit en inspirer d'autre, ennoblit les sens, les exalte et les fortifie ; mais il ne les anéantit pas.

Ces derniers mots m'avoient touché par un endroit fort sensible. Au fond, je savois très-bien que j'étois venu trouver Théoclée dans les vues qu'elle m'attribuoit. Mais d'un autre côté je sentois encore plus vivement que la statue de la Déesse m'avoit inspiré un amour réel, dont je n'avois pas encore eu l'idée. Comme les reproches de la Prêtresse portoient à faux sur ce point, je lui répondis avec une assurance qui probablement ne lui déplut pas, que c'étoit elle-même qui se trompoit en accusant mon amour d'être une illusion ou un masque hypocrite pour cacher des vues intéressées. Je m'expliquai avec tant de chaleur et de véhémence, que Théoclée fut forcée de donner un sens plus doux à ses paroles, ou plutôt de soutenir que je les avois mal comprises. Cette petite dispute finit, comme de raison, par un raccommodement à la suite duquel nous fumes meilleurs amis que jamais.

L'impatience que j'avois de revoir la
Déesse donna tant de poids aux représentations de Théoclée, que j'eus à peine
la force d'attendre le terme d'une promenade à laquelle elle m'invita après souper. On auroit dit, à voir ses efforts
pour m'entretenir agréablement, qu'elle
cherchoit à m'inspirer de l'ennui. Il étoit
déjà passablement tard lorsqu'elle prit
congé de moi, et je volai aussitôt vers le
temple. Les rossignols qui habitoient un
bosquet touffu situé à gauche de cet édifice, n'avoient pas encore été si jaloux de
captiver mon attention par leurs chants;
mais cela leur réussit moins que jamais.
Mon ame avoit passé dans mes yeux. Je
doublai le pas, me hâtai d'ouvrir les
portes du temple, et demeurai soudain
comme pétrifié en trouvant le flambeau
de l'Amour éteint, et le sanctuaire si
obscur, que les portes, ouvertes comme
elles l'étoient, n'y laissoient pas entrer
assez de jour pour me faire distinguer la
statue.

Au milieu des doutes et des inquiétudes
que me causa cet évènement, une pensée
prit enfin le dessus. Je me figurai que la
Déesse vouloit peut - être éprouver si

j'étois capable de me la représenter avec autant de force , sans l'intervention d'une image qui parlât à mes sens , que si elle paroissoit à mes yeux dans cette statue de marbre. Mais si c'étoit là son intention , elle ne me donna pas le temps de subir l'épreuve. Une splendeur éblouissante , un parfum délicieux inondèrent tout-à-coup l'édifice ; et, au lieu de la statue, je distinguai dans un nuage mêlé de lumière et d'ombre qui occupoit toute la profondeur du sanctuaire , la Déesse elle-même, plus brillante et plus belle qu'on ne sauroit la décrire. Les Graces, ses immortelles compagnes , se tenant par la main , se balançoient voluptueusement autour d'elle, voilant et découvrant tour-à-tour ses célestes appas. J'étois plongé dans une extase de ravissement et d'adoration, quand la Déesse, avec un sourire qui sembla parer le temple d'un éclat nouveau, laissa tomber sur moi un regard plein de grace et de majesté, et disparut sur-le-champ.

On devine qu'après cette apparition Vénus - Uranie n'eut point d'adorateur plus fervent et d'amant plus empressé que moi. Tout le système de mon enthou-

siasme théurgique avoit reçu un nouvel appui de cette théophanie palpable ;
et ce peu d'instans l'avoit tellement élevé
au-dessus de toute espèce de doute, que
les choses les plus merveilleuses et les
plus incroyables ne devoient plus me
surprendre. Dès que la miraculeuse vision eut disparu, je me trouvai trop à
l'étroit dans le temple. Je côurus donner de
l'air à mon cœur oppressé. Je dormis aussi
peu cette nuit-là que la nuit précédente ;
mais le lever du soleil me surprit, que je
le croyois encore très-éloigné. Théoclée
me regarda comme je passois devant sa
demeure. Elle étoit déjà complettement
habillée. Elle descendit vers moi, et me
dit qu'elle s'étoit levée plus matin qu'à
l'ordinaire, parce que des effaires indispensables l'appelloient à la ville. Mais
toi, ajouta-t-elle d'un air surpris, comment se fait-il que tu sois déjà éveillé à
l'heure qu'il est ? Je lui racontai ce qui
m'étoit arrivé dans le temple avec toute
l'éloquence d'un homme qui n'avoit point
alors de plus pressant besoin que celui de
soulager un peu son cœur. Il fallut lui
détailler plusieurs fois toutes les circonstances de cet événement. A la fin je réus-

sis à lui persuader que cette vision magnifique n'étoit point l'ouvrage de mon
imagination. La force de ma propre
conviction triompha de son incrédulité. Elle se réjouit de mon bonheur, et,
à ce qu'elle dit, se sépara de moi avec
d'autant moins de regret, qu'elle étoit
bien sûre que je ne m'appercevrois pas de
son absence. Je pouvois au surplus,
ajouta-t-elle, me regarder comme le maître de l'enceinte sacrée. Tous les serviteurs qui en dépendoient reçurent ordre
d'obéir à mes moindres signes. Elle
même avoit pourvû à ce qu'il ne me
manquât rien, sans qu'il fût besoin
de me tourmenter le moins du monde à
cet égard. A ces mots, m'embrassant
avec la confiance d'une ancienne amie,
elle monta dans un char léger, attelé de
deux chevaux blancs comme la neige; et
mes yeux qui la suivoient la perdirent de
vue en peu d'instans.

Jamais son éloignement ne pouvoit
m'être plus agréable que dans les dispositions où j'étois alors. L'état d'extase
où m'avoit plongé l'apparition de Vénus
me faisoit un besoin de m'abandonner à
moi-même et à mes sentimens. Mais pour-

quoi dire à moi - même , lorsque tout
mon être avoit passé dans cette figure céleste , et se perdoit dans la contemplation de cette sublime Théophanie , dont
la splendeur éthérée voltigeoit encore
devant moi ? La présence seule de Théoclée pouvoit troubler ce doux transport.
Elle m'auroit conduit insensiblement à
parler du sentiment inexprimable dont
j'étois rempli ; et combien ce que j'aurois pu lui communiquer de ma joie n'auroit-il pas été au-dessous de ce que j'en
aurois perdu ! Je m'enfonçai dans la
partie la plus sombre et la plus tranquille du bosquet, et il se passa quelques heures avant que mon ivresse eût
assez perdu de sa vivacité, pour que, revenant à moi-même, voyant où j'étois ,
me demandant avec une douce surprise
si c'étoit bien moi dont les regards avoient
été favorisés de la présence immédiate de
la Déesse, je répondisse à cette question
avec la certitude du sentiment intérieur.
Les pensées aëriennes , lucides , qui
m'inondoient en foule, n'étoient plus les
pensées d'un mortel. Ma spiritualisation
avoit déjà commencé avec mon amour
pour Vénus-Uranie. Pouvois-je encore

douter que cet amour lui fût agréable ? Elle m'en avoit donné la plus forte preuve ; elle avoit daigné se rendre visible à mes yeux sous la forme d'une belle femme, seule espèce d'apparition que mes sens étoient capables de supporter. Voudroit-elle s'en tenir à cette première faveur ? Cette vision me garantissoit infailliblement des communications plus parfaites. Mon essence spirituelle devoit se développer davantage à chacune de leurs progressions, jusqu'à ce qu'enfin, d'échelons en échelons, je parvinsse à la contemplation pure et immédiate de Vénus, à la pleine jouissance de toutes mes prérogatives. Que j'étois loin de borner mon ambition aux foibles avantages que l'Adonis et l'Endymion de la fable avoient puisés dans la tendresse de Vénus! Déja je parcourois avec elle l'immensité de l'Univers ; je sondois les mystères des nombres de Pythagore ; j'entendois l'harmonie des sphères ; je pénétrois le sens le plus caché de tous les hiéroglyphes de la Nature. Rien de ce qu'un Génie peut savoir ne m'étoit inconnu ; rien de ce qu'il peut faire ne m'étoit impossible. Combien ces idées qui déjà

m'élevoient

m'élevoient au rang des Dieux renfermoient de délices! de combien de forces
nouvelles, de quelle activité sans bornes
elles me donnoient l'avant-goût! Nouveau Prométhée, dans mon imagination
toute - puissante, je répandois le bonheur et la vertu sur la terre. L'infortune
disparoissoit de sa surface. Je faisois descendre du ciel la divine Astrée, et j'em-
bellissois le monde de tout ce que les
Arts, les Muses et les Graces peuvent
fournir pour l'agrément de l'existence.
Pas le moindre doute, pas la plus légère
idée d'un revers de fortune ne troubloit
mon enchantement; et s'il est vrai que la
jouissance n'égale jamais les promesses
de l'imagination, ce jour de solitude fut
incontestablement le plus heureux de ma
vie.

J'avois, sans y prendre garde, changé
plusieurs fois de place, et je me trouvai
dans une salle du bosquet de rosiers. Là,
vaincu par la chaleur, je m'étois insensiblement endormi, lorsqu'en m'éveillant
j'apperçus devant moi une table couverte de différens mets, et un flacon de
crystal rempli de vin et plongé dans la
glace, sans savoir comment tout cela

Tome I.   H

m'avoit été apporté. Le croira-t-on ? En
dépit de ses rêves de spiritualité, l'amant
de Vénus-Uranie se jetta avec l'appétit
d'un Épicurien sur ces plats dont e parfum le charmoit ; et quoiqu'ils eussent
pu suffire et au-delà à deux mangeurs
déterminés , je n'en laissai pas de quoi
rassasier l'épagneul d'une Aspasie. Mais
cette opération physique n'interrompît
point mes songes sublimes.

Soit qu'il faille en accuser la mobilité
naturelle de notre ame , qui ne sauroit se
maintenir long-temps dans la même situation , soit par l'effet du renouvellement
de vigueur que venoient de recevoir mes
esprits animaux , toujours est-il certain
que je perdis insensiblement, dans la seconde moitié du jour , la douce tranquillité dont j'avois joui pendant la première. Une impulsion secrette , un désir tumultueux qui s'empara de moi à mesure
que le soleil penchoit vers l'horizon ,
poussoit mes pas de côté et d'autre. L'apparition que j'avois eue la nuit précédente
se reproduisoit devant moi avec une vivacité nouvelle et des charmes inexprima-
bles. Mais c'en étoit fait de la splendeur
éthérée où je l'avois vue flotter le matin.

Le jour dans lequel je voyois la Déesse rapprochoit davantage sa beauté des formes corporelles, et lui donnoit un charme dont je n'avois pas encore senti la puissance au même degré. Le désir de la revoir m'agitoit sans cesse plus impérieusement. Souvent mes bras s'étendoient involontairement pour la recevoir. Je conversois avec elle; je lui disois tout ce que l'enthousiasme du premier amour peut inspirer à l'amant d'une Déesse. Je parcourus ainsi tout le bosquet, me retrouvant toujours, sans y avoir songé, devant la porte du temple; et plus le soleil avança vers l'occident, plus j'accusois de lenteur chaque minute dont cet astre prolongeoit son séjour sur l'horizon. Un pressentiment secret, qui, dans le fond, n'étoit autre chose que l'attente naturelle d'un bien ardemment souhaité, m'annonçoit dans la station que j'allois faire au temple un surcroît de faveur de la part de la Déesse. Dans la première apparition elle n'avoit fait qu'essayer jusqu'à quel point mes sens étoient capables de soutenir sa présence. Peut-être, disois-je, se laissera-t-elle aujourd'hui contempler plus long-temps et dans une splendeur moins imposante. Peut-être elle s'approchera de moi, elle m'honorera de quelques paroles ; ses lèvres divines me prescriront ce que je dois faire pour mériter des communications plus intimes. A parler vrai, je me faisois une idée très-obscure, ou, pour mieux dire, je ne me faisois aucune idée de ces communications ; mais l'effet de ces pressentimens vagues n'en étoit que plus sûr, et je succombois presque à la joie ineffable de penser que j'étois aimé de Vénus-Uranie.

Le soleil ne faisoit que de se coucher lorsque je m'acheminai vers le temple, après les préparations accoutumées ; mais avec quelqu'impatience que j'eusse désiré ce moment, je fus saisi d'une telle frayeur, en arrivant sous le parvis, que je retournai sur mes pas, et que j'eus besoin de faire deux ou trois tours dans l'allée d'orangers, avant d'avoir repris assez de courage pour ouvrir la porte. L'intérieur du temple étoit foiblement éclairé, sans que l'on vît d'où partoit la lumière. L'Amour n'y étoit pas, non plus que son flambeau, et un rideau de pourpre couvroit l'arc-en-ciel radieux

où brilloit ordinairement la statue. Le
cœur palpitant, et les yeux fixés sur ce
rideau, je me tins à une distance respectueuse. Deux Amours, aussi prompts à
disparoître qu'à se montrer, tirèrent soudain le rideau, et je vis la Déesse, non
sur son piédestal, mais sur une petite es-
trade couverte d'un tapis de la couleur
du rideau, et à laquelle on montoit par
deux gradins. Tandis que je considérois
cet idéal de la plus sublime beauté avec
toute l'effervescence de l'amour et du
désir, la statue sembla s'animer par
degrés. Ses yeux étincelèrent d'un éclat
surnaturel; son sein eut l'air de se soule-
ver, et la plus aimable rougeur parut
changer en roses la blancheur de ses
membres formés d'après les proportions
les plus exquises. Entraîné par un aimant
irrésistible, je m'avançai à pas lents. Un
regard d'une inexprimable douceur sembla m'y encourager, et dans le même
instant où je ne pouvois plus retenir mes
bras, qui s'ouvroient malgré moi, les
siens s'ouvrirent pour me recevoir. J'ac-
courus, je ceignis son beau corps de mes
bras enflammés. Je sentis son sein élasti-
que s'avancer sous ma poitrine. Le feu

H 3

divin qui anime toute la Nature s'épancha de son être dans le mien avec des torrens de volu..té. Tous mes sens étoient dans l'ivresse ; tous les liens de mon corps se relâchèrent ; mes yeux s'obscurcirent, et je perdis connoissance.

En revenant à moi, sans savoir comment tout cela s'étoit opéré , je me trouvai sur un lit de repos , entre les bras de la Déesse , et je soutins dignement l'honneur de mon apothéose.

Cependant, comme les Dieux ont besoin de réparer de temps en temps la flamme inextinguible de leur éternelle jeunesse avec un peu de nectar et d'ambroisie , les Graces vinrent nous offrir dans des coupes d'or et des vases de crystal des rafraîchissemens délicieux. Je me rendormis peu de temps après. Il étoit jour quand je m'éveillai. La Déesse avoit disparu , et, entouré de petits Amours, j'étois dans un bain qui exhaloit une odeur d'ambroisie.

Au sortir du bain, j'allai passer un très-beau vêtement dans une pièce attenante. Une porte s'ouvre, et me voilà dans un parterre spacieux, où Flore avoit rassemblé tous ses dons pour le plaisir de

Vénus. Une multitude de petits Amours qui se jouoient sous les fleurs vint à ma rencontre avec des bouquets et des couronnes, en sautant et en formant mille groupes autour de moi. Ils m'entraînèrent par un bocage de citronniers sur une colline qui s'élevoit insensiblement. Là un pavillon de marbre phrygien formoit le centre d'une superbe et vaste colonnade, au milieu de laquelle une fontaine ornée de statues d'airain revêtu d'or répandoit la plus belle eau dans un large bassin de jaspe. Je suivois mes guides dans un état d'inspiration plus aisé à concevoir qu'à décrire. Jamais mes sensations n'avoient été aussi aëriennes. Mes oreilles et mes yeux sembloient avoir acquis un nouveau degré d'énergie, ou plutôt il sembloit que je commençasse de vivre, et qu'à chaque minute un nouveau sens, une nouvelle source de sentimens spirituels s'ouvrît en moi.

Lorsque je foulai le seuil du pavillon, deux chœurs de jeunes filles vinrent au-devant de moi en riant et en dansant. Elles me félicitèrent de mon arrivée dans ce palais, ma demeure future, et vantèrent le bonheur du second Adonis.

Bientôt elles se dérobèrent à ma vue, et d'autres essaims d'Amours et de Zéphirs sautèrent de tout côté pour m'introduire dans les salles de marbre, dans les chambres magnifiques de ma nouvelle habitation. Je la trouvai abondamment fournie des choses les plus somptueuses et les plus recherchées que tous les arts, ministres de la volupté, aient imaginées pour satisfaire le goût le plus difficile, l'imagination la plus licencieuse et la sensualité la plus délicate. Mais je ne donnai qu'un coup-d'œil à toutes ces richesses, à la multitude des tableaux, des statues et des Hermès dont la galerie étoit décorée. Mes yeux cherchoient par-tout la Déesse, et ils la cherchoient en vain. Le bosquet le plus solitaire, l'antre le plus obscur, où j'aurois pu m'abandonner sans trouble à la contemplation de son image, aux doux souvenirs qui remplissoient mon ame, m'auroient été mille fois plus chers que toutes ces magnificences. Je retournai avec précipitation dans le jardin, m'étendis auprès d'une source qui jaillissoit de l'urne d'une belle Nymphe de marbre, sous un épais berceau d'arbres élevés et d'arbustes odori-

férans, et je me perdis dans le sentiment
de mon bonheur. Cette extase m'auroit
peut-être fait oublier le soin de ma propre conservation, si, à l'heure accoutumée, de petits Amours ne m'eussent rappellé a moi-même, et ne m'avoient conduit près d'une table qui m'étoit préparée sous une voute de feuillage. Pendant
que je contentai mon appétit , excité par
toutes les recherches de l'art de Comus ,
j'eus le divertissement de la plus agréable
musique , sans voir d'où elle provenoit ;
et le concert dura , en s'éloignant peu-à-
peu , long-temps après que la table et
les Amours eurent disparu. Enfin, je me
sentis accablé d'une fatigue voluptueuse ,
et je passai le temps de la plus grande
chaleur à dormir, à faire les songes les
plus enchanteurs qui aient jamais occupé
le cerveau d'un amant au sortir des bras
de sa divinité. Je m'éveillai lorsque le
soleil avoit encore à parcourir à-peu-
près la sixième partie de son tour ; et retrouvant cette agilité , cette impatience
qui sont les prérogatives d'une jeunesse
robuste, je me hâtai d'aller chercher
Vénus.

De rians détours me conduisirent par

une douce pente dans une étroite vallée
entourée de rochers couverts de brous-
sailles. Dans un de ces rochers qui la
rendoient impénétrable, de tout autre
côté que celui par où j'étois entré, l'art
avoit formé une grotte élevée et spacieuse, et dans cette grotte le bain le
plus mystérieux, le plus attrayant et le
plus magnifique. En parcourant un bosquet de rosiers et de myrtes qui environnoit la grotte, je m'en étois assez ap-
proché pour qu'un léger bruit qui s'y
faisoit m'inspirat la curiosité d'en savoir
la cause. J'y avois apperçu ma divinité
dans la situation où une immortelle moins
charmante fit repentir Actéon d'avoir osé
la surprendre. Quoique, suivant toute
apparence, je n'eusse pas lieu d'appré-
hender un destin semblable, le respect
et la joie m'enchaînèrent tellement à ce
spectacle, que je respirois à peine. Heureusement la haie avoit assez d'épaisseur
pour me donner la faculté de voir sans
être vu.

Diverses petites circonstances se réunissoient pour mettre la beauté de la Déesse
dans un jour où je ne l'avois pas encore
observée. Les Graces que je voyois sans

cesse occupées autour d'elle en groupes charmans, étoient vêtues bien légèrement, il est vrai, mais assez pour que cela répandît sur leurs charmes une ombre qui faisoit ressortir la nudité des siens. De plus, le moment de cette apparition étoit si bien choisi ! Quelques rayons qui s'introduisoient à travers les fentes des rochers entouroient la Déesse d'une gloire qui auroit achevé de me tourner la tête si ma folie n'eût pas été à son comble.

Vénus se lassa plutôt de son rôle que je ne me lassai du mien. Elle quitta le bain ; et après que les Graces l'eurent r'habillée, un signal subit anima tous les bocages, et il en sortit une foule innombrable de jeunes Nymphes et de petits Amours pour lui servir de cortège. Je m'éloignai le plus promptement qu'il me fut possible ; et lorsque, quelque temps après, je revins sur mes pas du côté du pavillon, j'apperçus un oratoire au milieu d'un bosquet de myrthe, dont la porte étoit entr'ouverte, et sur le seuil duquel étoit un petit Amour avec le doigt sur la bouche. Il me fit un signe, ouvrit la porte, la referma derrière moi, et je me trouvai aux pieds de la Déesse qui paroissoit m'attendre, à demi-couchée sur un lit de repos en forme de trône. La Volupté même avoit éclairé ce lieu d'une lumière couleur de rose, comme pour en faire le théâtre de sa victoire.

Vénus acheva dans le cours de cette nuit ce qu'elle avoit ébauché la nuit précédente. Elle m'initia tout-à-fait à ses mystères. Mais insensiblement Vénus-Uranie céda sa place à la plus sémillante des Laïs ; et lorsque les Graces parurent suivant la coutume, leur présence dissipa tout d'un coup le charme qui tenoit ma raison captive. Je crus appercevoir un sourire moqueur sur les lèvres de celle qui me présenta la coupe de nectar. J'en fus surpris ; je l'observai avec défiance. Je tournai ensuite les yeux sur la Déesse, et je ne vis plus en elle qu'une Phryné des plus terrestres. La métamorphose qu'opéra en moi ce désenchantement, fût trop marquée pour échapper à une connoisseuse telle que mon hôtesse. Mais sans laisser voir le moindre signe de chagrin, elle me dit avec un sourire charmant : Tu as besoin de repos, mon bien-aimé ; et faisant un signe à ses esclaves, elle s'enveloppa d'un grand voile,

et

et disparut avec elles à mes yeux.

Quelque besoin que j'eusse en effet de
repos, il ne falloit pas y penser de cette
nuit. Un poëte auroit beau prodiguer ses
couleurs à décrire la chute d'un Phaéton,
ce tableau ne seroit qu'une foible image
de mon ame ainsi déchue de ses sublimes
espérances. Rien n'égale la colère que je
sentois contre moi-même pour avoir été
le héros d'une mystification ridicule, et
le jouet d'une bande de femmes conju-
rées pour mettre mon innocence et ma
candeur aux prises avec leurs fantaisies.
Trop inexpérimenté pour sentir combien
la surabondance de mes esprits animaux
avoit eu de part, quelques jours auparavant, à mon illusion, et combien leur
épuisement en avoit pour lors à mon désenchantement, je ne pouvois faire autre
chose que de passer d'un extrême à l'autre, de dégrader tout-à-coup au-dessous
de la réalité moi-même et tous les objets
à qui, sans le savoir, mon imagination
et mon cœur avoient prêté une perfection idéale. En me rappellant jusqu'aux
moindres circonstances de ce qui s'étoit
passé à mon égard depuis huit jours, je
ne concevois pas comment il avoit été

possible que je ne me fusse pas apperçu
plutôt de l'art avec lequel Théoclée et la
soi-disante Vénus m'avoient tendu leurs
filets. La mauvaise humeur qui fut la
suite de ces réflexions me rendit cette
aventure insupportable. Je courus dans
la partie la plus solitaire du bois qui environnoit les jardins, et je m'étendis sous
un arbre. J'avois déja passé quelques
heures dans cette situation d'esprit, si
différente de la joie où je nageois auparavant, lorsqu'une apparition très-inat-
tendue interrompit le cours de mes tristes
méditations. C'étoit la fille d'Apollonius,
qui, avec le calme et l'insouciance de
quelqu'un qui ne craint point de reproches, parce qu'il ne croit pas en avoir
mérité, vint à moi, et me dit, en affec-
tant la surprise: comment! c'est toi, Peregrinus! Plût au ciel que tu ne m'eusses
pas rencontré, répondis-je en soupirant
et en détournant le visage! Se peut-il,
reprit-elle avec un souris malin, que
Protée forme un souhait qui marque autant d'ingratitude après tout ce qui lui
est arrivé depuis notre séparation? — De
l'ingratitude! Ainsi tu oses compter sur
ma reconnoissance après m'avoir aussi

indignement trompé! — Homme bizarre!
si tu nommes cela une imposture, qui ne
s'estimeroit heureux d'être trompé de
cette manière? En vérité je ne saurois te
définir. — Et toi, Théoclée, ou quel que
soit ton nom, (car pourquoi ton nom ne
seroit-il pas aussi faux que tout le reste)?
peux - tu avoir assez d'effronterie pour
nier que la Vénus dans les bras de qui
ton imposture m'a jetté, est une....? Théoclée ne me laissa point achever. Tu es,
me dit-elle, dans un accès de mauvaise
humeur, et tu ne parois pas sentir ce
qu'il te convient de proférer, ou ce qu'il
me convient d'entendre. A ces mots elle
s'éloigna de cet air majestueux qu'elle
savoit si bien feindre, et me laissa dans
un état de trouble et de mécontentement
dont je ne pouvois me rendre raison à
moi-même. Quoi qu'il en soit, la suite
prouva bientôt que ma mauvaise humeur
ne pouvoit tenir long-temps contre cette
femme inconcevable. L'assurance avec
laquelle elle s'offrit à ma vue, son seul
aspect, l'air imposant dont elle s'étoit
armée pour réprimer les effets de mon
courroux, tout m'inspira pour elle un
respect involontaire; et à mesure qu'elle

s'éloigna , je sentis se réveiller toutes les
impressions merveilleuses et magiques
qu'elle avoit faites sur moi lors de notre
première connoissance. En un mot, elle
recouvra insensiblement son premier em-
-pire, et je l'eus à peine perdue de vue,
que , touché d'un repentir subit, je me
levai et courus sur ses pas. Il est vrai que
j'éprouvois un combat intérieur ; mais
j'étois entraîné par une force surnaturelle. Il s'écoula quelque temps avant
que je revisse Théoclée. Je la trouvai
enfin. Elle étoit assise , tenant sur ses
genoux un ouvrage à l'aiguille , sous un
berceau du bois de myrthes , et elle ne
parut pas remarquer que je m'approchois
d'elle. Après que j'eus tourné quelque
temps avec un certain embarras autour
de ce berceau , sans qu'elle eût jetté les
yeux sur moi , je ne pus m'empêcher
d'entrer et de m'asseoir devant elle en
silence. Elle fit encore semblant de ne
pas voir que j'étois là , et cette scène
muette ne fut interrompue que par un
soupir qui m'échappa. N'as-tu pas sou-
piré , me dit-elle d'un ton badin ? En
effet, tu es bien à plaindre que l'on t'ait
forcé d'échanger un bonheur chimérique

pour un bonheur réel, supérieur à tout
ce que tu aurois jamais pu te figurer. Je
crois aussi, lui dis-je, que je me trouverois très-heureux si je pouvois conformer ma façon de penser à tes desirs.
Crois-tu , reprit-elle avec une grimace
qui peignoit l'ironie ? mais, ajouta-t-elle
du ton sérieux que j'étois accoutumé à
lui voir, ce n'est pas le moment de traiter un sujet aussi délicat. En parlant
ainsi, elle s'étoit levée, et prenoit le chemin du pavillon. Des affaires importantes
ont rappellé à Milet la maîtresse de ce
séjour.... Daigneras-tu au moins, dis-je
en l'interrompant, me faire connoître
cette femme qui s'est liguée avec toi
pour se jouer de ma crédulité , et probablement de celle de beaucoup d'autres,
si j'en juge par la disposition de ces
lieux et par la multitude d'acteurs secon-
daires qui s'y trouvent rassemblés. Car si
j'ai été assez vain pour me croire aimé
d'une Déesse , cette épreuve m'a rendu
assez modeste pour que je ne me flatte
pas d'avoir été le seul objet de tant
d'apprêts et de dépenses.

Pourquoi te le cacherois-je, me répondit gaîment Théoclée ? Tu es ici

chez une dame romaine , appellée Mamilia Quintilla. Ces bosquets font partie d'une terre considérable qui , jointe à beaucoup d'autres possessions répandues dans l'Ionie, la Carie, la Lycie et l'île de Rhodes, lui rapporte un revenu égal à celui de plusieurs rois. Elle avoit à peine dix-neuf ans accomplis, lorsqu'un vieux chevalier mit à ses pieds cette immense fortune qu'il avoit amassée par son astuce, son bonheur, et en affermant les contributions de quelques provinces d'Asie. Il la fit son héritière en l'épousant, et mourut peu de temps après. Jeune , belle, maîtresse d'elle-même, l'imagination nourrie de tout ce que les fictions poétiques ont de plus riant, elle vint se fixer dans ce lieu de plaisance, résolue de s'arroger quelques-unes des prérogatives de Vénus, à qui sans doute les parasites de son époux l'avoient souvent comparée. Les plaisirs des sens étoient bien son principal objet; mais elle voulut y répandre un prestige, un idéal qui les dépouillât de leur grossièreté, qui les rendît inséparables d'une sorte d'enthousiasme et de culte. Dans cette vue, elle fit un véritable pa-

lais enchanté de sa maison de campagne.
La vaste enceinte qui en dépend devint
un second bois de Daphné, une autre
Idalie. Elle peupla ce séjour magnifique
d'une infinité de garçons de huit à douze
ans, d'une beauté merveilleuse, et de
jeunes filles charmantes, depuis douze
jusqu'à seize, qu'elle fit rassembler avec
le plus grand soin de toutes les parties de
l'empire. Il n'est point de souverain qui
puisse se vanter d'avoir à son service de
plus belles voix, de plus habiles musi-
ciens, des danseuses plus légères, de
meilleurs cuisiniers et des artistes plus
consommés dans tous les genres de talens
qui appartiennent au luxe et à la volupté. Son palais, ses jardins ne sont
que les divisions d'un théâtre spacieux,
où tout est disposé pour chaque spectacle, chaque changement de décoration
nécessaire à l'accomplissement de ses
vues. Ces vues, il faut l'avouer, ne sont
pas de nature à obtenir le suffrage des
rigoristes; mais elle est au-dessus de
leur improbation; et d'honneur, elle
ennoblit ce que l'on est convenu d'appeller des foiblesses, par le goût et l'intelligence qu'elle déploie dans ses passe-

temps favoris, et sur-tout par le choix de ceux qu'elle admet à les partager.

Ce trait de flatterie, par lequel Théoclée termina sa confidence, ne manqua point son effet. Je souris, et, après quelques momens de silence, elle reprit en ces termes : Mamilia m'a chargée de te désennuyer pendant son absence; nous voici à l'entrée de son palais. Si tu veux, nous nous occuperons, jusqu'à l'heure du dîner, à considérer les merveilles qu'il renferme. A ces mots, elle me prit par la main, et m'entraîna dans la galerie. Là, tout en observant avec moi les chefs-d'œuvre des arts, que l'opulence et le goût y avoient rassemblés, elle en releva les beautés avec tant de discernement, elle entremêla ses remarques d'anecdotes si curieuses et si bien racontées, que l'admiration succéda bientôt dans mon cœur au dépit et au ressentiment.

L'absence de Mamilia dura trois jours, et pendant cet intervalle, Théoclée ne négligea rien pour effacer de mon esprit les souvenirs et les préventions qui pouvoient encore y subsister. Sa conversation fut inépuisable en saillies ingénieuses, en allusions fines, en traits

d'histoire aussi variés qu'attachans. La
musique, la danse, tous les talens réunis
dans ces beaux lieux pour l'amusement
de leur maitresse répandoient tour-à-
tour une agréable variété sur l'emploi de
mes momens. Aussi les nuages qui s'é-
toient élevés dans mon imagination ache-
vèrent tout-à-fait de se dissiper. Les impressions enchanteresses de la nature et
de l'art prirent insensiblement le dessus,
et avant la fin du second jour mon ame
se retrouva dans sa première situation,
avec cette seule différence que les nuits
divines de Vénus-Mamilia avoient donné
une activité difficile à modérer à celui de
mes sens, dont les impulsions m'étoient
demeurées long-temps incompréhensi-
bles. Pourquoi, dans cette confession
générale, n'avouerois-je pas toutes mes
folies ? Deux jours de continence, le repos d'une nuit solitaire et le luxe d'une
table servie à la Lucullus avoient réinté-
gré Mamilia dans tous les honneurs de la
divinité. Je soupirois après son retour ;
mais elle étoit absente, et j'avois sous
mes yeux la fille d'Apollonius.

La dignité sacerdotale s'étoit évanouie
avec le ruban qui ne ceignoit plus son

front. Elle s'étoit abandonnée à sa vivacité naturelle, et en même-temps qu'elle
me développoit tous les charmes de son
esprit, elle se croyoit dispensée de me
faire un mystère des beautés de sa personne. Jamais peut-être une femme ne
posséda plus de graces, et l'on trouveroit difficilement sa pareille dans l'art de
placer les faveurs de la nature sous le
point de vue le plus avantageux, ou de
déguiser le peu de tort que leur avoient
fait les années. En un mot, quoique,
pour représenter la déesse du bel âge, il
lui eût fallu déposer plus de la moitié du
sien, elle avoit plus qu'il n'étoit nécessaire pour dédommager, dans un bosquet à demi éclairé par le crépuscule,
ou dans le petit temple du Silence, un
néophyte tel que moi, de l'absence de la
déesse Mamilia.

Mais elle connoissoit trop bien les
hommes pour ne pas me faire acheter sa
défaite de manière à décupler à mes yeux
le mérite de sa complaisance. Elle y
réussit parfaitement, et même après tant
de siècles, je ne puis me la rappeller sans
éprouver le plaisir qui accompagne naturellement l'idée d'avoir joui d'un être

en qui la beauté et la bonté étoient à
leur comble. Que Mamilia me parut in-
férieure dans l'art de multiplier et d'éter-
niser les jouissances, à cette Grecque
inventive, douée de la sensibilité la plus
exquise, comblée de tous les dons des
Muses et des Graces, et qui, sous d'autres
noms, comme je l'appris par la suite,
avoit été dans sa jeunesse l'objet des applaudissemens et des hommages d'une
moitié du monde!

Au surplus, si Théoclée consentit à
remplacer Mamilia, le projet de la sup-
planter n'étoit point entré dans son cœur.
Après m'avoir raconté qu'à l'aide de ses
nombreux espions, Mamilia, dès e jour
de mon arrivé, avoit reçu une description passablement exacte de mon individu, que ce portrait avoit captivé son
attention, qu'elle avoit fait surveiller
avec soin toutes mes démarches, et
qu'instruite de ma vie passée par mon
vieux serviteur, h mme simple et sans
défiance, elle avoit résolu de s'emparer
de moi de manière ou d'autre ; ton
étrange lettre, continua-t-elle, en lui
offrant un caractère piquant par sa nouveauté, la confirma dans le projet de

faire ta conquête, et lui indiqua le moyen d'y réussir. Combien elle remercia l'inconnu, qui, plusieurs siècles auparavant, avoit consacré à Vénus-Uranie une partie de ses bosquets, et combien elle se félicita d'avoir fait construire à cette Déesse un beau temple de marbre sur les ruines de son petit oratoire !

Tu conçois maintenant, poursuivit Théoclée, comment il est arrivé sans miracle que tu ayes trouvé sur ton sein une réponse à ta lettre anonyme adressée à Peregrinus-Protée de Parium, lorsque tu te réveillas dans le bois, après un sommeil que l'on avoit exactement surveillé. Mamilia qui bruloit d'impatience de voir de ses propres yeux l'étonnant jeune homme dont elle croyoit à peine la possibilité, l'avoit déposée elle-même sur ton sein. Endymion dormant séduisit moins sa Déesse que tu ne séduisis la tienne, lorsqu'elle te vit étendu devant elle, et comme plongé dans un rêve délicieux, au jour foible et doux du clair de lune qui passoit à travers quelques branches. Tu me croiras aisément, puisque tu connois à présent la vivacité de cette brulante Romaine, quand je te

dirai

dirai que j'eus toutes les peines du monde
à la ramener avant qu'elle courut risque,
en te donnant un baiser, de t'éveiller
fort mal-à-propos. Cette scène me coûta
le sommeil ; il me fallut passer le reste
de la nuit à côté de Mamilia pour écouter les épanchemens de sa passion, et
pour bercer son impatience en lui décri-
vant toutes les machines qui devoient
jouer en sa faveur. Nous ne pouvions pas
douter que ta seule translation dans un
lieu aussi romantique, jointe à l'apparence de merveilleux que tout devoit y
offrir, n'agît d'avance pour nos intérêts
sur un novice que son propre enthousiasme et la magie naturelle d'un sentiment qu'il ne connoissoit pas encore,
nous avoient livré si aisément. Mais tout
dépendoit de l'impression que la fille
d'Apollonius produiroit sur tes sens à
notre première entrevue. Aussi, comme
tu peux t'en souvenir, toutes les circonstances de cette entrevue furent-elles
choisies et combinées avec autant de pré-
cision que d'adresse et d'ensemble. Elle
devoit être à l'unisson de tes idées en-
thousiastes ; il falloit que tout semblât
les réaliser, et leur fît prendre un essor

Tome I.   K

plus sublime ; qu'à tes regards , tout fut
extraordinaire et merveilleux , et cependant nature ; que tout concourût à séduire entièrement ta raison , et à remplir
ton ame enchantée d'une attente mê ée
d'incertitude , de sensations aussi ravissantes que nouvelles , de pressentimens
vagues des mystères ineffables qui étoient
l'objet de tes vœux. Nous avions eu sujet
de craindre qu'un jeune homme aussi
peu défiant , aussi neuf , aussi exalté ,
discernât les artifices et les machines destinés à le surprendre. Mais tu dois te
rappeller avec quel soin toutes les précautions étoient prises pour t'empêcher de
les appercevoir. Nos Nymphes et nos
Amours , les êtres les plus souples que
l'on puisse se figurer , entrèrent bientôt
dans l'esprit de leur rôle. La nature de ce
séjour et la manière dont les jardins sont
séparés du bois sacré et de l'enceinte qui
environne l'habitation des rochers , ne te
laissèrent pas soupçonner qu'il y eût dans
le voisinage une pareille maison de plaisance , et quoique la partie postérieure
du tem le , qui , en apparence , est
adossée au rocher , dépende immédiatement du palais , cette communication est

si bien masquée par l'épaisseur des bocages et la hauteur des arbres, qu'il étoit
mal-aisé de la découvrir sans d'exactes
perquisitions. Or, tu pouvois d'autant
moins procéder à ces recherches, que,
pour assurer le bon effet des Théophanies
dont nous avions dessein de te favoriser,
je commençai par t'imposer la loi de ne
visiter le temple qu'après le coucher du
soleil. La statue étoit préparée d'avance
sur le modèle de Mamilia ; et toute autre,
celle même de Guide, n'auroit rien valu
pour nos projets. Sans doute ils auroient
été frustrés si l'on t'eût fait voir cette statue à la clarté du jour et dans un autre
lieu ; comme représentant une belle Romaine ; mais lorsque l'idée de la déesse
se fût amalgamée avec la sienne dans ton
imagination, et que Mamilia, quoiqu'elle
ne fut que de marbre, eût si fort troublé
tes sens dès la seconde visite, nous hasar-
dâmes de te la montrer avec ses nymphes
sous sa véritable forme, entourée, il est
vrai, de nuages et au sein d'une lumière,
en apparence, surnaturelle ; et nous fûmes
d'autant plus sûres que nous réussirions à
te tromper, et que tu prendrois l'ivresse
de tes sens pour une suite de la prétendue

Théophanie, que tu étois, s'il t'en souvient, plus préparé qu'il ne falloit à cette scène, par la conversation que nous avions eue ensemble. Car tu comprendras facilement pourquoi, en même-temps que je t'assurois que la déesse voyoit avec plaisir la pureté de tes sens, je m'efforçois de te convaincre qu'elle étoit la maîtresse de l'impression par laquelle elle voudroit se communiquer à toi.

Friponne, m'écriai-je, en lui donnant toutefois un baiser ! les paroles me sont encore présentes. *L'amour qu'elle t'a inspiré n'est-il pas son ouvrage ? L'amour peut-il exister sans désir, et le désir sans mouvemens qui l'annoncent ? Le plus pur amour, et Venus - Uranie ne sauroit en inspirer d'autre, ennoblit, exalte les sens, mais ne les anéantit pas.*

Tu as une excellente mémoire, reprit-elle en riant : à-coup-sûr tu comprends de même ce que je voulois dire, lorsque je paroissois douter si tu étois capable d'un amour aussi pur et d'un abandon aussi entier que l'exigeoit la déesse ; et toutes ces illusions à part, lorsque Mamilia t'apparut escortée de ses trois suivantes, dans un nuage de toile peinte,

ne te sembla-t-il pas voir Vénus elle-
même avec ses Grâces immortelles ; et
cette prétendue Théophanie ne te rendit-
elle pas souverainement heureux ? Parce
que je a prenois pour une Théophanie ,
dis-je en l'interrompant. Plût aux dieux
que Mamilia m'eût toujours laissé dans
cette opinion ! Sois persuadé, reprit-elle,
qu'il en auroit été ainsi , si la nature elle-
même n'avoit mis de l'impossibilité à ce
qu'une illusion se prolonge au-delà du
plus haut degré de jouissance dont les
sens soient capables. Mais qui oseroit encore , après avoir été aussi heureux que
peut l'être un mortel , se plaindre de ce
qu'on ne l'a pas fait dieu ? Outre cela ,
n'y a-t-il pas eu des momens où tu t'es
réellement senti divinisé? Ah ! répliquai-
je, je voyois toujours la déesse dans Mamilia ! Et ne pourra-t-elle la redevenir ,
en dépit de mes confidences , reprit
Théoclée ?. . . .

Le retour de la belle Romaine mit fin à
cette conversation , et produisit l'effet que
Théoclée attendoit de ses charmes et
du penchant que j'avois à être toujours
trompé et enthousiasmé de manière ou
d'autre. Mes séductrices crurent n'avoir

plus besoin de moyens extraordinaires ;
elles avoient jetté sur mes sens le sortilége
qui agissoit auparavant sur mon imagination ; et dans l'ivresse non-interrompue
où elles savoient me retenir , en me faisant jouir tour-à-tour des plaisirs les plus
recherchés , elles se promettoient bien de
m'amener insensiblement à trouver mon
ancienne façon de penser aussi ridicule
qu'elle le leur paroissoit à elles-mêmes.
En un mot , elles espéroient , de l'adorateur et de l'imitateur le plus zélé de
Pythagore et d'Apollonius , me faire devenir l'Epicurien le plus achevé. Théoclée étoit passée maîtresse dans les artifices nécessaires pour une telle métamorphose , et si Mamilia avoit été plus docile
à ses instructions , elle auroit pu réussir
beaucoup plus long-temps à m'entretenir
dans la délicieuse ivresse qui suivit son
retour ; mais cette industrieuse activité ,
si nécessaire à tous les plaisirs des sens ,
cet art de venir de loin au-devant du dé-
goût , de tenir sans cesse les désirs en
haleine , de les tromper de mille manières
pour augmenter les plaisirs , de leur
faire pressentir à chaque jouissance une
jouissance plus parfaite , et de faire tout

cela avec tant de graces et si peu de contrainte, que la seule nature paroisse y
avoir part, tous ces secrets, dans lesquels
il éto t impossible de surpasser Théoclée,
étoient incompatibles avec le tempérament enflammé de la belle Romaine ; la
gêne qu'elle auroit été obligée de se pres-
crire pour traiter son Adonis comme un
amant qui pouvoit lui échapper, étoit,
suivant elle, la mort du plaisir. En un
mot, elle se fit illusion à elle - même,
comme si elle eût réellement été la déesse,
dont elle jouoit si volontiers le rôle, et il
auroit fallu que son favori ne fût rien
moins que le jeune Apollon ou l'inépuisable fils d'Alcmène, pour n'être pas
rassasié, exténué et rendu à lui - même
beaucoup plutôt qu'elle ne pensoit.

D'après ce que j'ai dit en commençant,
de la trempe singulière de mon ame, on
conçoit combien durent être désagréables
les sentimens et les réflexions qui succé-
dèrent à ce second réveil. La première
chose que je sentis dans cet instant dou-
loureux, ce fut la hauteur d'où j'étois
tombé, et la profondeur où j'étois des-
cendu ; mais heureusement ce n'étoit pas
la chúte d'un Icare, dont les aîles de cire

s'étoient fondues au soleil ; c'étoit celle d'un Génie platonique tombé dès espaces célestes dans la lie des élémens les plus grossiers. Aussi, quelle que fut ma honte, je sentis que cette chûte m'avoit épuisé, avili, mais qu'elle ne m'avoit point souillé. Les ressorts de mon ame étoient intacts ; je pouvois encore en faire usage ; je pouvois m'élancer de nouveau dans l'air pur auquel j'étois accoutumé, et les expériences même qui m'humilioient pour lors, pouvoient servir à me préserver à l'avenir d'erreurs semblables, et me mettre à portée d'atteindre avec d'autant plus de certitude le but de mes vœux les plus ardens.

Ce sentiment seul, ou plutôt le pressentiment de cette idée, et la conscience vague des forces qui résidoient en moi, fut, dans les premiers momens, ce qui me garantit du désespoir ; mais il s'en fallut de beaucoup que des pensées de ce genre prissent d'abord le dessus, et agissent sur moi avec toute leur efficacité : au contraire, je devins sombre et de mauvaise humeur ; tout ce qui m'environnoit perdit son charme et son éclat, je me méprisai moi-même, et j'en voulus amèrement à

celles qui m'avoient réduit à ce malheur.
Cette fièvre intérieure eut ses crises, et
je compris alors ce que l'Araspe de Xénophon entend par le combat de ses deux
ames; car je l'appris à mes propres dépens. Je rougissois d'avoir, comme un
autre Ixion enivré de nectar, pris une
déesse de theâtre pour Vénus-Uranie, et je
me rappellois encore avec délices les instans où cette illusion m'avoit rendu le
plus heureux des mortels. Dans m s accès de mauvaise humeur, je considérois
Mamilia comme une Lamie, qui me
nourrissoit et me caressoit uniquement
pour sucer tout le sang de mes veines; et
presqu'aussitôt, si une coupe de vin de
Thasos, offerte par cette même Lamie,
après qu'elle l'avoit effleurée de ses lèvres
voluptueuses, agitoit de nouveau mes
esprits, j'étois encore assez foible pour
voir en elle une Vénus terrestre, et pour
aller toujours puiser dans ses faciles bras
de quoi alimenter le repentir qui empoi-
sonnoit mes heures solitaires.

Quelques efforts que je fisse pour cacher
aux deux amies cet état pénible de mon
esprit, je n'y réussis pas mieux qu'elles
ne réussirent elles-mêmes à ranimer l'en-

chantement de nos premiers jours. La
Romaine se flattoit d'en venir à bout, en
redoub ant ce qu'elle appelloit tendresse ;
mais elle ne faisoit en cela que hâter
l'effet contraire. La fille d'Apollonius eut
recours à d'autres moyens. Elle laissa mes
sens en repos, contente de se montrer
mon amie et de me donner des conseils,
paroissant n'avoir rien plus à cœur que de
me tranquilliser et de me réconcilier avec
moi-même ; habile à saisir toutes les
occasions de détourner l'entretien du présent et de le mettre sur des généralités, et
cherchant à m'insinuer une manière de
philosophie dans le genre d'Aristippe,
qui avoit dans sa bouche une forme si
séduisante, qu'il falloit toute l'énergie de
l'enthousiasme pour ne pas s'y laisser
prendre. Elle y gagna du moins que les
graces de son esprit me rendirent sa société de plus en plus nécessaire, et furent
bientôt l'unique attrait qui m'enchaînât
dans ce séjour. Quelquefois, tout en cau-
sant, nous nous égarions jusque dans sa
demeure de rochers, ou dans le bosquet
de rosiers, et l'aspect de ces lieux réveil-
loit dans mon ame une foule d'agréables
souvenirs. Là, nous disputions sur la

différence de nos idées , et l'issue de ces
disputes sembloit décider la supériorité
de la philosophie d'Aristippe sur celle de
Platon , quoique dans le fond elle ne
prouvât que la foiblesse du platonicien ,
et l'extrême habileté de son antagoniste
dans ce que l'on pourroit nommer l'art
sophistique de son sexe. Quoi qu'il en
soit, elle aida la mauvaise ame à rem-
porter plusieurs victoires sur la bonne ;
mais cela même me replongea insensiblement dans cette situation violente et
pénible , suite naturelle d'une façon de
penser et d'une conduite contradictoires ,
lorsqu'on sent que l'une est vraie, et que
l'on est forcé de se reprocher l'autre.

Cependant Mamilia, dont les passions
s'éteignoient aussi promtement qu'elles
s'étoient allumées, avoit trouvé un malheureux objet pour exercer ses fantaisies ; car elle étoit presque toujours absente, et paroissoit ne plus s'inquiéter de
moi. Probablement le repos qu'elle nous
laissoit concourut à diminuer le premier
charme de ma liaison avec Théoclée ,
liaison qui, à le bien prendre, n'étoit ni
de l'amitié ni de l'amour.

L'ennui multiplioit les momens de vuide

où se renouvelloit le combat de mes deux
ames, et la victoire finit par pencher du
côté de la bonne, sans que les efforts et
les ruses de Théoclée pussent aboutir à
autre chose qu'à retarder quelque peu le
triomphe de ma raison. Je me vis à regret plongé dans l'étable d'une Circé
nouvelle. Tous les matins, chassé par
l'insomnie de ma couche voluptueuse,
j'en sortois avec la résolution de m'en-
fuir; et tous les soirs, je me recouchois,
indigné contre moi-même de ce que je
n'avois pas eu le courage de l'exécuter.

Un jour que je m'étois levé avec
l'aube, et que j'errois d'un air mécontent
et irrésolu dans la partie la plus isolée des
bosquets, j'apperçus entre les arbres une
jeune femme qui sembloit me chercher,
et que je reconnus bientôt pour une des
prétendues Nymphes qui nous avoient
servis dans l'habitation de Théoclée.
Cette esclave, qui se nommoit Myrto,
étoit de ces personnes dont la physionomie exprime une bienveillance universelle. Elle m'adressa la parole avec
tant de graces et de modestie, que je
n'eus pas la force de lui tourner impoli-
ment le dos, comme j'en avois eu la
pensée,

pensée, lorsque je l'avois reconnue. Elle me dit qu'elle cherchoit depuis long-temps l'occasion de me rencontrer seul, afin de me découvrir plusieurs choses qui ne pouvoient m'être indifférentes ; et lorsque nous nous fûmes assis dans une feuillée, où nous étions à l'abri des surprises, elle m'apprit, sur le compte de Mamilia, une foule d'anecdotes qui n'étoient pas de nature à modérer l'humeur dont j'étois rempli contre cette Vénus Pandémos. Mais ce que la bonne Nymphe avoit principalement à cœur, c'étoit de m'ôter l'opinion avantageuse que j'avois de Théoclée. Son histoire, qu'elle me conta en détail, m'éloigne-roit trop de la mienne. Ainsi je me bornerai aux circonstances les plus essentielles. La soi-disante Théoclée étoit depuis vingt ans l'une des danseuses les plus connues dans la Grèce, l'Italie et les Gaules, sous les noms de Chélidonion, de Dorcas, de Philinna, d'Anagallis et autres semblables, avant qu'elle parut dans Halicarnasse en qualité de Prophétesse, et qu'elle se fit appeller Théoclée. Un jeune Thessalien l'avoit achetée au sortir de l'enfance, d'un homme qui trafiquoit de jolis tendrons, et qui avoit un bel assortiment de cette marchandise scabreuse. Environ deux ans après, un vieil Epicurien d'Athènes rit du goût pour elle, un jour qu'elle passa devant sa porte habillée en joueuse de flûte, avec une petite troupe de danseurs de corde. Il se chargea de l'élever, et prit plaisir à cultiver les talens multipliés qu'il voyoit germer en elle, et à lui inculquer les maximes de prudence et de *decorum*, dont la méditation l'avoit rendue depuis si supérieure à la plupart des personnes de sa classe. Après avoir encore passé par diverses mains, et avoir eu quantité d'aventures, elle parut dans les villes d'Antioche et d'Alexandrie sous le nom d'Anagallis, avec la réputation de la plus belle et de la plus savante danseuse pantomime que l'on eût jamais vue en Syrie ou en Egypte. Elle se montra ensuite peu-à-peu en cette qualité dans différentes provinces de l'Empire romain, et enfin dans Rome même, où elle compta parmi ses adorateurs quelques-uns des premiers Sénateurs et des principaux courtisans. Alors elle cessa de paroître en public sur le théâtre, et vécut du produit de ses charmes et de ses talens avec la prodigalité de quelqu'un qui se croit à portée de percevoir en tous lieux des tributs sur les hommes les plus puissans et les plus riches. Cependant elle perdoit insensiblement l'attrait de la jeunesse et de la nouveauté. Les sources de ses revenus tarissoient de jour en jour, et elle se trouva forcée d'exercer son ancienne profession dans la Gaule, la Sicile et la Grèce; mais comme elle ne faisoit plus autant de sensation que dans la brillante époque de son bel âge, elle quitta ce genre de vie, changea encore de nom, et se joignit à une bande de prêtres d'Isis qui parcouroit e Pont, la Cappadoce et la Syrie; et son inventive imagination, la multiplicité de ses talens rendirent leurs tours d'adresse extrêmement productifs. Ce fut alors qu'elle s'instruisit à fond dans les secrets de la magie et de la théurgie, et peu de temps après un incident facheux ayant dispersé cette troupe de Saltinbanques, ces secrets la mirent en état de jouer le rôle mystérieux d'une prétendue fille d'Apollonius, et d'ériger sous les auspices de Mamilia, amie déclarée de toutes les choses extraordinaires, une sorte d'oracle dans le bosquet

de Vénus-Uranie qui dépendoit de sa
maison de campagne. La qualité d'héritière des attributs du grand Apollonius,
l'obscurité dont elle s'enveloppoit, et les
bruits qu'elle savoit répandre dans le
Peuple sur ses talens prophétiques, sur
son commerce secret avec les dieux, et
sur les merveilles qu'elle avoit opérées,
commençoient d'agir dans la Carie et
dans les contrées adjacentes, et lui donnoient lieu d'espérer qu'elle trouveroit une
source abondante de revenus chez les
dupes de la superstition, lorsque Mamilia, en prenant la résolution d'habiter
la terre où elle rendoit ses oracles, donna
un autre tour à ses affaires. Théoclée fit
connoissance avec elle, et bientôt elle s'empara tellement de ses affections, qu'elles
devinrent amies intimes. Comme la prophétesse n'avoit plus de secrets pour sa
nouvelle confidente, il fut décidé qu'elle
continueroit son personnage, sauf quelques changemens que nécessitoient les
vues de Mamilia. Les mystères de Vénus-
Uranie, dont elle se disoit la prêtresse,
firent présager à la voluptueuse Romaine
une infinité de scènes amusantes, au
moyen desquelles elle espéra diversifier
la monotonie de la vie champêtre, et

fournir de l'aliment à son goût pour les idées romanesques et pour les intrigues extraordinaires. Théoclée dirigea tous les préparatifs qui devoient concourir à l'éxécution de ce projet ; tout s'arrangea parfaitement, et déjà plusieurs étourdis s'étoient laissés prendre aux piéges tendus en ces lieux à la jeunesse naïve ou débauchée, avant que mon penchant, ou, pour appeller la chose de son vrai nom, avant que ma folie m'eût rendu leur successeur. Il avoit été convenu, ajouta l'Esclave, entre nos deux sirénes, que Mamilia, dès qu'elle auroit passé sa fantaisie avec les infortunés qui tomberoient entre leurs mains, les céderoit à son obligeante amie. Cette destinée avoit aussi été la mienne. Myrto me peignit d'ailleurs Théoclée comme une véritable Canidie. Il étoit impossible, suivant elle, que, sans moyens extraordinaires, elle s'attachât tellement les plus beaux hommes, qu'ils crussent tenir dans leurs bras la plus aimable personne de son sexe, pendant qu'ils n'y serroient qu'une créature qui avoit servi aux plaisirs de la moitié du genre humain, et qui, sans l'aide des couleurs, du pinceau, et de

tous les secrets de la toilette, auroit
ressemblé à la Sybille de Cumes ; mais
ce qu'il y avoit de sûr, à l'entendre,
c'étoit que je me flattois en vain de quitter ce séjour aussi long-temps qu'il plairoit à Théoclée de me retenir, et je pouvois compter qu'elle le voudroit jusqu'à
ce que ses dangereuses caresses m'eussent
réduit à l'état d'une ombre, et changé en
un vrai squelette.

La vivacité qu'elle mit dans cette conversation m'avoit déjà fait soupçonner
que cette grande confiance n'étoit pas
sans dessein, lorsqu'après une petite
pause, du ton de la compassion la plus
tendre, et avec toute la séduction dont
ses yeux noirs étoient susceptibles, elle
continua en disant qu'elle ne pouvoit
supporter la pensée de voir un homme
aussi aimable se fondre comme une image
de cire au feu magique d'une Lemure aussi infâme, que dès la première fois qu'elle
m'avoit vu, elle avoit pris à moi un intérêt qui l'avoit engagée à m'observer avec
soin ; que je lui paroissois digne d'un
meilleur sort ; en un mot, que si je voulois récompenser d'un peu d'affection son
amitié désintéressée, elle se sentoit assez

de courage pour me sacrifier tous les agrémens dont elle jouissoit dans cette maison, et pour me suivre où il me plairoit d'aller.

Je me débarrassai d'elle le plus honnêtement qu'il me fut possible, en lui promettant un silence inviolable sur les secrets qu'elle m'avoit confiés. L'évasion dont je m'occupois depuis plusieurs jours présentoit si peu de difficultés que je n'avois pas besoin du secours de cette esclave. Mais quoique ce qu'elle m'avoit dit de Théoclée et la crainte d'être victime de sa prétendue magie dussent augmenter le désir que j'avois de m'échapper, je m'y trouvai moins disposé que jamais à la suite de cet entretien. Je ne pus me résoudre à quitter la maison de campagne de Mamilia sans que Théoclée m'eût donné une preuve de ses talens si vantés dans l'art de la danse pantomime. Je saisis la première occasion qui se présenta pour essayer de lui en faire naître l'envie, sans lui laisser appercevoir que j'étois mieux instruit que je n'avois dessein de le paroître. Il arriva que deux des enfans dont la maison étoit si richement peuplée, exécutèrent devant nous, rendant que nous étions à table, une danse qui représentoit l'histoire de l'Amour et de Psyché, d'une manière charmante pour .eur âge. J'aurois aimé, dis-je, après les avoir considérés quelque temps, à voir ce beau sujet exécuté par la célèbre Anagallis. Je voulois dire cela d'un air assez détaché pour que Théoclée pût croire qu'il en étoit de cette fantaisie comme si j'eusse souhaité voir la Glycère de Ménandre ou la Corinne d'Ovide ; mais au nom d'Anagallis , une rougeur si subite et si remarquable me couvrit le visage, à mon grand regret , qu'elle dut nécessairement avoir que ques soupçons. Sans en rien faire paroître , tu as donc , me dit-elle , entendu parler de cette Anagallis ; et comme je parus surpris qu'elle pût en douter, je suis , continua-t-elle en riant , plus grande magicienne que tu ne penses ; tu verras danser Anagallis , quoiqu'elle ait depuis long-temps disparu de la terre.

Elle m'invita deux jours après à un petit spectacle préparé en mon honneur. La scène étoit occupée par deux chœurs d'Amours, de Zéphirs et de jeunes Nymphes qui , en dansant au son des instrumens, chantoient les louanges de Psyché et de l'Amour. Bientôt ils se rangèrent de chaque côté, et je vis une danseuse qui, au premier coup-d'œil, m'offrit le vivant portrait de la Psyché d'Aëtion, morceau admirable de sculpture que j'avois souvent contemplé dans la galerie de Mamilia. Son vêtement, d'un tissu des Indes presque diaphane, dessinoit avec autant de grace que de décence les contours les plus frais, et son épaisse chevelure descendoit sur ses épaules en longues boucles dorées. Sans cette chevelure, on auroit pu d'abord la prendre pour la fille d'Apollonius, quoique sa taille fût plus mince et mieux proportionnée. Je la regardai avec un étonnement mêlé d'extase, incertain sur le nom que je devois lui donner, et doutant presque si ce que je voyois n'étoit pas un de ces enchantemens dont Myrto l'avoit accusée. Mais le jeu inexprimable de ses bras et de ses mains, ou plutôt la ravissante harmonie de tous ses membres, de tous ses muscles, qui concouroient avec une variété, une agilité, une grace sans exemple, à l'expression toujours pittoresque et frappante de la fable dont elle repré-

senta plusieurs scènes, s'empara trop
fortement de mon attention, pour donner
place à d'autres pensées. Cette pantomime, sans le secours de la parole,
uniquement soutenue par une musique
toujours expressive et mélodieuse, retra-
çoit dans un langage intelligible à tout le
monde, et qui s'adressoit immédiatement
au cœur et à l'imagination, non-seulement les gestes et l'accent des affections
violentes, mais encore les moindres mouvemens des yeux, ou plutôt, si j'ose
m'exprimer ainsi, les rendoit dans une
poésie parlante. Elle me causa un transport
que j'avois peine à maîtriser. Mais que
devins-je, lorsque tout à coup les Nymphes et les Amours disparurent, et que
Psyché accourut dans mes bras, pour me
convaincre qu'elle m'avoit tenu parole,
et qu'elle étoit redevenue Anagalis, afin
de me plonger mieux que jamais dans le
nectar de la volupté ! Ah ! certes, Théoclée, tu étois une magicienne, dans un
autre sens néanmoins que Myrto ne l'en-
tendoit, dans le seul peut-être où il ait
jamais existé des magiciennes. Tout ce que
la nature et l'art ont de charmant, de
séduisant et de délicieux, étoit réuni

dans ta personne. Quel homme avec ma
sensibilité auroit pu résister à ta magie?
ce seul instant me replongea dans l'ivresse
des premiers jours, et comme la complaisance d'Anagallis fut aussi inépuisable que les ressources de ce nouveau
genre d'amusement, cette rechute dura
plus long-temps que je n'oserois l'avouer
sans rougir.

Je vis fleurir pour la seconde fois mon
cher bosquet de rosiers. Durant cet intervalle, Mamilia avoit eu plus d'une fois
l'idée de faire encore valoir ses vieilles
prétentions, et n'en avoit que trop souvent trouvé les moyens ; mais comme ses
désirs n'étoient que des fantaisies momen-
tanées, et qu'elle ne savoit pas plus
aimer qu'elle ne désiroit qu'on l'aimât,
elle paroissoit toujours me restituer à son
amie avec aussi peu de jalousie qu'elle
lui abandonnoit tout le reste de ses possessions. A cet égard, les choses en étoient
au point qu'un étranger auroit pu demeurer long-tems dans l'incertitude de savoir
laquelle des deux étoit la maîtresse. Outre
cela, Mamilia passoit une grande partie de
son temps soit à Milet, soit dans les terres
qu'elle possédoit aux environs de Rhodes ;

et elle avoit l'air de s'amuser assez sans nous, pour ne pas s'inquiéter de nos actions. Théoclée se servoit si adroitement de cette liberté ; elle avoit à sa disposition une si grande variété de formes et de métamorphoses charmantes ; elle savoit plaire de tant de façons, et venir au-devant de la satiété par une telle succession, par un si heureux mélange des plaisirs des sens, de l'imagination et du goût, qu'elle pouvoit se flatter, avec quelque justice, de me conserver encore long-temps dans ses chaînes. Cependant tous ses artifices n'eurent pas le don d'empêcher que l'illusion nécessaire pour la transformer en Psyché, en Danaé, en Léda, aux yeux d'un spectateur enivré de ses charmes, ne devînt d'autant plus difficile de jour en jour, qu'il l'avoit plus considérée dans ces rôles ; et comme il ne peut rien exister de parfait sous le soleil, il étoit naturel, après qu'une répétition fréquente eût atténué la force de la première impression, qu'elle demeurât toujours davantage au-dessous de l'idéal, dont elle s'efforçoit d'approcher. Le temps s'avançoit où ce dernier talisman alloit perdre sa vertu, lorsqu'il prit fantaisie à

Mamilia

Mamilia de fêter Bacchus par une grande solemnité, où je devois représenter ce dieu, et Théoclée faire le personnage d'Ariane.

Je ne décrirai point cette fête, dont je me souviens à regret, quoiqu'elle fut digne d'un Héliogabale. La voluptueuse Romaine qui se glorifioit d'en avoir inventé et ordonné tous les détails, s'étoit proposé de porter aussi loin qu'il se pourroit la représentation d'une véritable Bacchanale, telle que les ont décrites les Poëtes et les Peintres. Dans cette vue, elle avoit fait venir de toutes ses terres un grand nombre de jeunes gens des mieux tournés, qui devoient représenter les Faunes et les Satyres. Elle se contenta modestement du rôle d'une Bacchante ordinaire; mais suivant elle, le plus heureux trait d'imagination de toute la fête, c'étoit d'avoir formé le complot avec son officieuse amie, lorsque celle-ci auroit joué jusqu'au dernier acte le rôle d'Ariane, de la remplacer à la faveur des ténèbres, pour achever le reste en son nom. Elle comptoit par-là me ménager une surprise infiniment agréable; et en effet, le pauvre Bacchus, échauffé

par une double ivresse, trouva l'espié‑
glerie si piquante, lorsqu'il vint à s'en
appercevoir, que, dans le délire où le
concours de tant de scènes ravissantes
avoit plongé ses sens, il fut plus dieu
qu'il ne convenoit à un mortel; mais
tandis que Mamilia ne négligeoit rien de
ce qui pouvoit relever le caractère d'une
Bacchante, soit pour m'exciter à sou‑
tenir mon personnage, soit pour couron‑
ner cette vraie partie de satyres par une
fin digne d'elle, Ariane, à la tête d'un
essaim de Faunes, de Ménades, d'Amours
et de Nymphes, tous armés de flam‑
beaux, survint à l'improviste, et prit son
inconstant sur le fait aux rires inextingui‑
bes de toute la bande. Ce dernier in‑
cident me couvrit de confusion, et dis‑
sipa sans retour l'enchantement dont j'a‑
vois si long-temps été du e. Un homme
qui, dans un songe magnifique, se seroit
vu à la table de Jupiter, assis parmi les
dieux, et qui se trouveroit à son réveil,
entouré de spectres, de furies, de harpies
et de Gorgones, ne seroit pas plus ac‑
cablé que je le fus dans cet instant, où je
me vis en proie à l'incivile gaité d'une
pareille compagnie. Je conservai cepen‑

dant assez d'empire sur moi-même pour réprimer des mouvemens qui n'auroient servi qu'à augmenter mon humiliation, et qui auroient peut-être rendu impossible l'exécution du projet que je formai à l'heure même; mais lorsqu'enfin la lassitude eut terminé cette scène d'extravagance, et que tous ses acteurs furent plongés dans les bras du sommeil, je me levai, je pris le vêtement le plus simple qui se rencontra sous ma main, et sans faire d'adieux aux deux amies, j'abandonnai de bon cœur ce sol détesté, d'où j'emportois une ample provision d'idées et d'expériences nouvelles, mais où je laissois mon innocence et ma tranquillité d'esprit.

Craignant que Mamilia ne me fît poursuivre, je me contentai de traverser Halicarnasse, et au lieu de prendre le chemin de Milet, je m'enfonçai dans les terres, et je gagnai Alabanda, où je passai quelques jours dans le plus profond *incognito* à réfléchir sur tout ce qui m'étoit arrivé, et à songer aux moyens qui me restoient de parvenir au but que j'avois manqué d'une manière si malheureuse.

M 2

La situation d'esprit dans laquelle je
me trouvai durant les premiers jours qui
suivirent ma délivrance ressembloit beaucoup à l'état d'un homme qui, après
avoir perdu dans un naufrage tous les trésors qu'une suite de hasards favorables lui
avoit procurés dans une terre étrangère,
n'a sauvé que sa vie. D'abord la joie de
se voir hors de péril ne laisse de place à
aucun autre mouvement; mais bientôt
avec le sentiment des besoins reviennent
en foule les souvenirs des biens qu'il a
perdus et les images du bonheur qu'il
avoit fondé sur eux; il considère alors avec
effroi toute l'étendue de son infortune.
Le désespoir s'empare de son ame, et la
vie, dont il se félicitoit naguère d'être
encore en possession, lui semble payée
trop cher au prix de tout le reste; il gé-
mit d'avoir été conservé; cela dure
jusqu'à ce que les besoins devenant plus
vifs, tout en lui donnant de nouvelles
forces, lui fassent sentir de nouveau le
prix de l'existence, au moyen des ressources abondantes qu'elle offre encore,
même lorsqu'on est dépouillé de tout; enfin
à la première possibilité qu'il apperçoit
d'exercer son énergie, il reprend courage

en songeant qu'il n'y a rien de perdu, tant que l'on ne s'est pas perdu soi-même.

Les suites de mes nouvelles expériences avoient depuis long-temps opéré un grand changement dans mon ancienne façon de penser. Mon imagination étoit refroidie. Tout ce qui n'avoit été qu'illusion dans mes songes, dans mes visions extatiques, n'étoit plus autre chose à mes yeux: et je croyois appercevoir très-distinctement que s'il étoit possible d'arriver à cette exaltation de mon être, à cette faculté de recevoir l'influence des natures immatérielles, que je souhaitois avec tant d'ardeur, cela devoit s'effectuer d'une toute autre manière que de celle qui m'avoit conduit dans les bras d'une Vénus Mamilia, sous les auspices de la fille d'Apollonius.

Mais les phantômes que j'avois chéris à l'instar de la vérité, avoient beau être évanouis, la place qu'ils avoient occupée existoit encore, si j'ose m'exprimer ainsi: et le plus pressant de mes besoins étoit pour lors de remplir cet énorme vuide. Long-temps j'errai çà et là, sans pouvoir me fixer quelque part; lors-

que plusieurs mois se furent écoulés dans
cette irrésolution, et que je me crus enfin
à l'abri des poursuites de Mamilia, je retournai sur les côtes d'Ionie, et débar-
quai à Smyrne au commencement de la
belle saison, sans que l'exercice qui avoit
fortifié mon corps eût rendu la sérénité
à mon esprit.

Mon premier soin fut d'aller voir le
vieux Ménippe, qui, sans le vouloir,
avoit donné lieu à tout ce qui m'étoit arrivé depuis nos entretiens; mais il n'étoit
plus au nombre des vivans. L'aspect d'une
multitude d'étrangers dont fourmilloit
cette place de commerce, et dont plusieurs étoient des Egyptiens, des Syriens
et des Arméniens, ressuscita le projet
qui m'avoit amené â Smyrne dix-huit
mois auparavant, et je résolus en conséquence de m'embarquer sur le premier
vaisseau qui feroit voile pour Laodicée.

Pendant que j'étois occupé des préparatifs de ce long voyage, je rencontrai
un soir dans un endroit de la côte où
j'aimois à me promener seul, au déclin
du jour, et qui n'étoit presque point
fréquenté, je rencontrai, dit-je, un
homme qui avoit l'air aussi étranger que

moi. Il attira mon attention, tant par
sa figure et sa taille, que par son habillement, qui annonçoit un Syrien ou un
Phénicien. Je ne vis jamais une physionomie où tant de feu se joignit à autant
de profondeur, un regard aussi sombre
avec un front aussi ouvert, et quelque
chose de si engageant avec une gravité
aussi imposante. Ce fut en tournant l'an-
gle d'un rocher que je le découvris dans
une niche que le temps et la nature y
avoient creusée; il étoit assis sur une
pierre, tenant sur ses genoux un rouleau
déployé qu'il lisoit avec attention, lorsque mon approche inopinée lui fit lever
les yeux. A travers ses sourcils longs et
noirs, il jetta sur moi un regard pénétrant, et reprit sa lecture. Je ne sais
quelle fibre secrette sa vue ébranla dans
mon intérieur. Mon premier mouvement
fut d'aller à lui; mais son regard avoit été
si peu prévenant que je n'osai pas m'y
hasarder. Je m'enfonçai dans un bois
qui s'étendoit jusqu'au bord de la mer;
à mon retour, je ne trouvai plus l'é-
tranger. Une mélancolie plus sombre qu'à
l'ordinaire me ramena le lendemain au
même endroit. Je cherchai long-temps

des yeux l'inconnu. Tous les environs
étoient déserts, tranquilles et lugubres.
Mon trouble croissoit à chaque instant.
Debout, la tête penchée, je me tenois
adossé au tronc d'un vieux chêne, lorsque tout-à-coup je vis l'étranger qui s'a-
vançoit à pas lents. Il s'arrêta pendant
quelques minutes, et fixa sur moi un regard qui me parut significatif, mais dont
je ne pus m'expliquer le sens. Après avoir
un peu hésité, je résolus de le suivre. Il
avoit déjà disparu. Cet homme commençoit
à m'intriguer. Je m'éloignai, mais le cerveau rempli de son image.

Je ne pouvois m'en distraire, et je
crois que je la revis en songe. Le troisième
jour un sentiment inexplicable m'empêcha d'abord de retourner au lieu de cette
étrange apparition. Théoclée m'avoit rendu soupçonneux ; mais un autre mouvement, non moins inexplicable, m'y entraîna contre ma volonté. J'étois las ; je
m'assis sur la pierre qui le premier jour
servoit de siége à l'inconnu ; et la tête
appuyée sur mon bras droit, je me livrois
à mes réflexions ordinaires, lorsqu'il
m'apparut de nouveau.

Dès qu'il fut assez près de moi pour

qu'il ne me fût pas permis de douter qu'il
avoit intention de m'adresser la parole,
je me levai, comme pour lui abandonner le siège auquel il sembloit avoir un
droit plus ancien, et je fis mine de vouloir m'éloigner. Comment, Peregrinus,
me dit-il, d'un ton qui m'alla au cœur,
et en me lançant un regard qui pénétra
comme un éclair dans l'obscurité de mon
ame, tu fuis devant ton bon Génie! A
ce discours, je demeurai immobile, et je
m'armai de tout le sang-froid dont j'étois
capable pour considérer cet étrange personnage d'un air aussi incrédule que surpris, au lieu de lui répondre; mais je
doute fort d'y être parvenu. Confondu de
ce langage, étonné de m'entendre appeller
par mon nom, je sentis dans toutes mes
veines un tressaillement soudain, qui
m'ôta la force de le repousser par une
froideur affectée.

Peux-tu croire, continua-t-il avec ce
ton séduisant qu'il avoit pris dès son
exorde, peux-tu croire que le hasard
seul nous ait réunis en ce lieu? Il n'y a
point de hasard. Nous devions nous rencontrer, et nous nous sommes rencontrés.

Je crus me sentir atterré par une force

supérieure. Je me rassis, et l'inconnu se plaça vis-à-vis de moi sur un morceau de rocher. Tu fuis les hommes, reprit-il, voyant que je gardois encore le silence. Tu cherches la solitude, le repos; et tu es en guerre avec toi-même! Tu désires la lumière, et tu t'égares dans les ténèbres! Encore si jeune par les années, et déjà si riche du côté de l'expérience! Fleur si belle il y a quelques mois, que sont devenus ta fraîcheur et ton éclat? des Lémures revêtues de formes angéliques t'ont souilé de leur haleine. L'orgueilleux Ixion croyoit embrasser la reine du ciel; heureux encore s'il avoit vu la prétendue déesse se dissoudre en vapeurs dans ses bras! mais il s'est dissous lui-même dans les bras d'une Sirêne.

Lis-tu tout cela sur mon visage, lui demandai-je avec étonnement? être merveilleux, qui es-tu?

Je ne suis pas ce que tu me crois, et cependant je suis plus que je ne parois. Tu as été trompé assez long-temps, Peregrinus. Il est temps que le chemin de la vérité te soit ouvert. Je me suis donné le titre de ton bon Génie, car je le remplace auprès de toi; et quoique dans le fond je ne sois rien de plus que toi-même, je puis toutefois, dans les mains de celui que je sers, devenir l'instrument de ton bonheur.

Ma surprise croissoit à chaque mot. Par quelle révélation cet inconnu pouvoit-il être instruit des p us secrettes particularités' de mon histoire, comme s'il eût été réellement mon bon Génie? je soupçonnai quelque nouvelle fourberie, et cette méfiance empêcha que son discours ne produisît sur moi l'effet qu'il en attendoit. Il lut sur mon visage ce qui se passoit dans mon ame. Je ne m'étonne pas, me dit-il, que tu sois irrésolu sur ce que tu dois penser de moi. Rien n'est ce qu'il paroît être, quoiqu'à des yeux éclairés tout paroisse ce qu'il est. La Nature est un hiéroglyphe dont peu de mortels ont la clef, et l'homme connoît mieux les autres qu'il ne se connoît lui-même. Il ressemble au fils d'un souverain détrôné, qui, élevé chez des pasteurs, est jetté dans une troupe de brigands, et vieillit au milieu des hasards et des aventures, sans avoir eu la moindre idée de son origine et du rang pour lequel il étoit né. Quelle consolation pour l'aveugle de savoir que le soleil éclaire tout ce qui l'environne? Qu'importe au mendiant l'or enfoui dans les entrailles de la terre? La vie de l'homme qui paroît son tout n'est rien. Toujours englouti dans un instant qui n'est déjà plus avant que l'on se soit apperçu de son existence!.. Mais si les hommes savoient! Si le tonnerre, qui éveillera les morts, faisoit retentir dans leurs ames ces paroles de vérité : Ce rien est gros de l'avenir, qui est tout.

Mon inconnu proféra cet étrange oracle avec une inspiration, un feu dans les yeux, un je ne sais quel son de voix sur-humain dont je fus saisi. Je n'osai plus lui demander où il vouloit en venir. Après quelques instans de silence, il reprit la parole d'un ton plus doux, mais qui devint de plus en plus solemnel.

Peregrinus, me dit-il, tu es appellé à de grandes choses. Une voix puissante, émanée du ciel, a retenti dans l'Univers. Les conviés sont innombrables; mais les élus sont en petit nombre. Nous sommes à la veille d'une immense révolution. La lumière s'est élancée des ténèbres. L'empire des démons et de ceux qui les servent touche à sa fin. La cité de Dieu est

déjà

déjà descendue. La splendeur qui jaillit de ses murs la dérobe encore aux yeux éblouis des profanes ; mais bientôt elle sortira des nuages comme le soleil du matin. Les peuples de la terre s'y rassembleront, et chacun de ses rayons sera un éclair qui pulvérisera les ennemis de la vérité.

Il se tut à ces mots, et fixa sur moi un regard qui sembla sonder mon intérieur. J'avoue que mes cheveux commencèrent à se dresser. Je n'avois encore ouï personne parler de cette manière. Sans comprendre les intentions de l'Inconnu, je sentois toutes mes facultés ébranlées ; j'étois agité de pressentimens secrets. On eût dit que j'étois sur le point de subir une grande métamorphose. Cependant je m'étois assèz bien remis pour le prier de s'expliquer plus clairement sur les choses mystérieuses qu'il m'avoit annoncées, lorsqu'il me prévint et reprit avec plus de calme :

Peregrinus, reviens à toi-même. Je t'ai frappé d'étonnement. Ce prélude étoit nécessaire pour ranimer en toi le germe éteint de la vie. Tu es tombé, mais tu te relèveras. Je vois sur ton front

Tome I.   N

le signe des élus. A compter de ce moment, les démons, dans les piéges de qui
tu te laissas prendre à Halicarnasse, n'ont
plus de pouvoir sur toi. Purifie ton ame,
en te faisant violence à toi-même, de toutes les souillures corporelles. L'homme
spirituel ne peut naître que par la mort
de l'homme terrestre, et celui-là peut
seul être admis dans la cité sainte que je
découvre à ton intelligence. Encore une
fois, Peregrinus, le règne de la lumière
est proche ; il a déjà commencé à ton in-
su, et tel qu'un étranger, comme le signi-
fie ton nom, tu es déjà dans son sein.
Bientôt le voile tombera de tes yeux ; tu
seras admis à contempler le spectacle
d'une clarté nouvelle, initié à des mystères dont ceux d'Éleusis ne présentent
qu'une ombre trompeuse ; et un guide
des ames, autre que le fabuleux Hermès,
ramènera vers son origine ce qu'il y a en
toi de divin. Alors tu seras mon frére ;
tu entendras le signal de ta haute destination, et tu participeras à l'honneur de
coopérer au plus glorieux de tous les travaux, et d'aider à gouverner la nouvelle
terre, sous l'autorité du grand Incréé.

En prononçant ces derniers mots, l'In-

connu me prit la main, la pressa fortement et se leva. Je m'apperçois que ton
cœur est plein, ajouta-t-il d'une voix
émue; mais il ne m'est pas permis de t'en
dire davantage. Je suis soumis à des ordres supérieurs. Il faut que je me sépare
de toi. Le septième jour après la nouvelle lune, nous nous reverrons à Pergame. Il me baisa au front avec un regard
rempli d'amour et de confiance, s'éloigna
avant que je pusse dire un seul mot, et
disparut entre les rochers.

Je me levai involontairement, comme
pour le suivre; mais je fus retenu par la
crainte de lui déplaire. Le cœur très-
plein en effet, je m'assis sur la pierre où
s'étoit placé cet homme extraordinaire,
que j'étois tenté de croire un Génie. Sa
voix sembloit encore résonner foiblement
autour des rochers dont j'étois environné;
mais ma mémoire n'avoit pas perdu une
syllabe de ses discours, et je les entendois encore au-dedans de moi. La nuit
me contraignit enfin de regagner ma demeure, située dans un faubourg de
Smyrne. Mon premier soin fut d'examiner scrupuleusement mon vieil Affranchi, pour savoir si c'étoit lui qui avoit

informé l'Inconnu d'une partie de mes
aventures ; mais j'acquis la certitude qu'il
ne l'avoit pas vu, qu'il n'avoit pas eu un
mot d'entretien sur mon compte, tant
l'imprévoyance dont il s'étoit rendu coupable à Halicarnasse avoit donné de circonspection à cet honnête vieillard, qui
m'étoit parfaitement dévoué.

Tranquillisé à cet égard, je me reprochai
de m'être défié de l'Inconnu, après tout ce
que j'avois vu de lui, et tout ce que j'avois
entendu sortir de sa bouche. J'étois impatient de remplir le vuide que mon dernier
désenchantement avoit laissé dans mon
ame. Je sentois que l'harmonie ne pouvoit
s'y rétablir que dans le cas où l'activité de
mon esprit seroit de nouveau dirigée toute
entière vers le but sublime qui, bien que
je l'eusse manqué une fois, ne cessoit
pas, et ne pouvoit, sans un changement
total de mon être, cesser d'être l'objet de
mes éternels désirs. Il sembloit que les
discours de l'Inconn u m'eussent soufflé
une nouvelle vie. Mes sentimens et mes
vœux me disposoient à les croire ; ils
demeuroient toujours présens à ma pensée, de même que son image. A chaque
souvenir ils s'y gravoient plus profondé-

ment, et je sentis long-temps sur mon front la chaleur de son baiser d'adieu.

Aucune affaire ne m'appelloit à Pergame, et je ne songeois nullement à réaliser la prédiction qui m'y donnoit un rendez-vous si positif. Diverses commissions dont mon père m'avoit chargé par une lettre que je trouvai chez un ami, prolongèrent mon séjour à Smyrne. Cependant j'étois chaque jour plus impatient de revoir l'Inconnu et de l'entendre me développer ses ouvertures mystérieuses. Lorsque j'eus terminé mes affaires, il s'en falloit encore de cinq à six jours que l'on ne fût au septième après la nouvelle lune. Je quittai Smyrne parce que rien ne m'y retenoit plus ; mais attendu que j'avois aussi des commissions pour Mitylène, et qu'ensuite je devois retourner à Parium le plus promptement possible, rien n'étoit plus naturel que d'aller par eau de Smyrne à Mitylène, et de là dans ma ville natale. A quel propos entreprendre ce voyage par terre en passant par Pergame, qui me détournoit si fort de ma route ? sinon pour justifier la prédiction de l'Inconnu qui auroit incontestablement prophétisé à faux si

N 3

j'avois plus écouté les avis de la saine prudence et la voix de mon devoir que mon penchant pour le merveilleux. En effet, un instinct si violent m'entraînoit vers Pergame, que je ne trouvai plus en moi la moindre tentation d'essayer d'en triompher. Ce qu'il y a de p'us surprenant, c'est que j'eus beau accomplir de propos délibéré la prophétie de l'Inconnu, cela ne la rendit pas moins merveilleuse à mes yeux. Car, pensois-je, d'où auroit-il pu savoir que je sacrifierois au seul désir de me retrouver avec lui tant de raisons de choisir une autre route, s'il n'avoit pas eu le don de lire d'avance dans mon ame des pensées qui ne devoient y naître que plusieurs jours après?

J'arrivai à Smyrne le six de la nouvelle lune, et je passai toute la soirée à chercher mon inconnu dans les places publiques et par-tout où j'espérois le trouver. Mais son heure n'étoit pas encore venue. Enfin le jour suivant j'appercus un esclave qui tantôt marchoit à mes côtés, tantôt me suivoit et me regardoit avec beaucoup d'attention. Je m'arrêtai près d'un ancien monument dans un endroit peu fréquenté. L'esclave s'approcha de moi, et me demanda à voix basse et d'un ton très-humble si j'étois Peregrinus de Parium. Lorsque j'eus répondu qu'oui, il me tendit un billet cacheté dans lequel je ne trouvai que ces mots : Suis cet homme où il te conduira. Signé, l'Inconnu de Smyrne. L'esclave ajouta que si je voulois me rendre à la quatrième heure après le coucher du soleil dans un lieu qu'il me désigna, il me conduiroit où j'étois attendu. Je promis. L'heure vint. Je me rendis à l'endroit indiqué, et l'esclave, qui ne tarda pas à reparoître, me guida par je ne sais combien de petites rues devant une porte qui nous fut ouverte à un signal qu'il fit. Je le suivis, en lui donnant la main, par une allée étroite jusques dans un cabinet qu'il ferma derrière moi. Ce cabinet étoit sans lumière, et n'avoit qu'une seule ouverture carrée couverte d'un rideau si mince qu'elle pouvoit tenir lieu d'une fenêtre. Je m'apperçus bientôt que cette croisée donnoit sur une salle où quelques lampes répandoient une lueur assez foible. Autant que je pus distinguer les objets, il s'y trouvoit plusieurs personnes de tout âge, de tout sexe et de tout rang.

Toutes , en observant le plus profond silence , étoient assises sur des bancs disposés en amphithéâtre autour d'une grande table, exhaussée de quelques marches, et couverte d'un tapis. A peine avois-je eu le temps de faire ces remarques qu'un homme vêtu d'une longue robe de lin, avec une croix de pourpre sur la poitrine, entra un encensoir à la main, et remplit la salle d'un nuage d'encens. Bientôt il en vint un second vêtu à-peu-près de même. Ce dernier se plaça devant la table, et entonna une espèce d'hymne, que l'assemblée accompagna de temps en temps à demi-voix, et en observant assez exactement les modulations et le rythme. Quoique toute mon attention ne réussît qu'à saisir quelques mots de ce cantique, ce qu'il avoit de pathétique et de solemnel me mit dans une disposition que j'aurois peine à décrire. Le doux charme de cette simple mélodie, qui paroissoit n'être que l'expression des sentimens intérieurs de l'assemblée, agit sur moi avec toute sa force, et m'inspira le désir de faire une connoissance plus intime avec ces bonnes gens, qui par leur influence sur un seul

de mes sens, me causoient déja de si
agréables impressions.

Le chant fut suivi d'un silence général, qui dura un certain temps, et ne fut
interrompu que par des soupirs et des
paroles à demi prononcées; l'homme à
l'encensoir recommença son ministère, et
lorsque le nuage d'encens se fut dissipé,
je vis mon inconnu qui avoit pris place
sur un siége élevé devant la table, et qui
se disposoit à parler. Son attitude et tout
son extérieur commandoient le respect.
Il avoit l'air d'un sage, dont l'ame est
purifiée de toutes les passions et de tous
les vices, et qui a coutume de correspondre avec des êtres plus sublimes que les
enfans de la terre. Jamais je n'entendis
parler d'un ton si vrai; et qui peignit si
bien la conviction. Il fit d'abord l'éloge
d'un jeune homme qui avoit rendu té-
moignage à la vérité, en souffrant avec
courage une mort cruelle. Il est tombé
glorieusement, dit-il, dans ce grand
combat où les enfans de la lumière sont
aux prises avec les esprits de ténèbres;
mais il se relèvera victorieux à la fin de
cette sainte lutte, et il sera au nombre

de ceux qui gouverneront la terre régéné-
rée. L'orateur s'étendit avec une éloquence
entrainante sur le moment de cette résurrection. Les mots et les images lui manquoient pour le décrire, il avoit beau
prodiguer toutes les richesses du langage,
il n'en traçoit, disoit-il, qu'une foible
esquisse. Il l'annonçoit avec la confiance
d'un prophète au yeux de qui l'avenir est
présent. Il exhorta les auditeurs, avec
l'ardeur d'une affection paternelle, à se las-
ser d'autant moins de combattre les ennemis de leur salut, que chaque victoire
qu'ils remporteroient sur eux hâteroit le
grand jour de la régénération universelle,
ou plutôt le jour où se réunissant à la
source du bien, ils retourneroient à leur
perfection originelle.

Enfans de lumière, ajouta-t-il, soyez
purs et sans tache comme le père des lumières, dont vous êtes issus. Frères de
l'Incréé, premiers nés de la création
nouvelle, choisis pour administrer avec
lui l'empire glorieux qu'il a fondé, ab-
jurez toute communauté avec les enfans
de ce monde, et regardez comme un op-
probre tout parallèle avec les profanes.
Éloignez-vous, séparez-vous d'eux. Leur

souffle est une souillure, leur contact est une peste. Ce misérable amas de terre qui est sous vos pieds n'a rien qui soit digne de vos vœux. L'enveloppe fragile qui nous environne est la seule chose qui nous empêche de vivre de la vie des esprits ; mais insensiblement dissoute au feu du céleste amour, elle deviendra toujours plus mince et plus diaphane.

Il se tut, pencha la tête, regarda fixement la voûte, et parut quelque temps ravi en extase. Cependant le silence régnoit dans l'assemblée, et tous les regards étoient tournés sur lui, avec les signes de l'étonnement. Pour moi, j'avois absorbé ses paroles avec un plaisir inexprimable ; j'étois comme un voyageur altéré qui soupire depuis long-temps après une goutte d'eau fraîche, et qui avale les premiers traits d'une source dont il a entendu le murmure inespéré. La seule différence étoit que sa soif s'appaise à mesure qu'il boit, et qu'au contraire à chaque parole je devenois plus altéré, plus avide de me précipiter dans ce torrent la tête la première. Je croyois à peine y avoir trempé mes lèvres, quand cet homme divin cessa de parler. Au même

instant parut l'esclave qui m'avoit amené.
Il me prit par la main, et se hâta de me
conduire dehors, en me disant à l'oreille
qu'on alloit commencer les saints mystères, auxquels nul profane ne pouvoit
assister. Je m'éloignai, portant envie
aux heureux mortels à qui il étoit permis
d'y participer, et pendant que je me
retirois, j'entendis les sons touchans d'un
nouvel hymne qu'entonnoit l'assemblée.

Ces rites inconnus, le secret qui les
déroboit à tous les yeux, et sur-tout le
nom de Christ que j'avois entendu revenir plusieurs fois, soit dans les hymnes
des initiés, soit dans le discours de l'Inconnu, ne me permirent pas de douter
que je n'eusse été introduit dans une
société de Chrétiens. Ces partisans d'une
religion nouvelle étoient alors en fort mauvais renom. L'on n'en parloit guère en
bonne compagnie, ou bien l'on n'en
parloit que d'une manière méprisante.
Plusieurs raisons avoient flétri, d'un bout
du monde à l'autre, les Juifs et le Ju-
daïsme; et comme les Chrétiens passoient
pour une secte judaïque, et qui pis est,
pour une secte que les Juifs avoient ban-
nie de leur sein, l'on ne croyoit pas leur

faire

faire injure de penser et de dire sur
leur compte les choses les plus défavorables, sur-tout lorsqu'un prince aussi
juste que Trajan, et des hommes tels
que Pline et Tacite, n'en avoient pas
meilleure opinion. Aussi, quoique je
susse qu'il existoit à Smyrne une communauté nombreuse de ces sectaires, je
n'avois pas eu la moindre curiosité de me
lier avec eux ; et s'il m'eût été possible
de fixer mes idées à l'égard de mon Inconnu, je l'aurois pris, ce semble, pour
Jupiter lui-même, plutôt que pour l'un
des chefs de cette horde avi ie.

Combien je m'indignai pour lors contre
ces préventions téméraires ! combien je
fus honteux de les avoir partagées !
Quelle preuve de la vanité des jugemens
humains ! Le rebut de la terre étoit le
foyer de la vertu et des plus hautes connoissances, et ce qui pouvoit maintenant
m'arriver de plus heureux, c'étoit que
l'on voulût bien m'admettre dans une société de l'existence de laquelle je n'avois
tenu aucun compte jusqu'alors.

Le jour qui suivit cette nuit remarquable, l'Inconnu me laissa en proie à
l'impatience où j'étois de le voir sans té-

moins , et de lui confier ce qui se passoit
dans mon esprit. Je l'attendis inutilement chez moi ; je le cherchai en vain
par-tout où j'espérois le trouver. Enfin,
comme je revenois au logis entre la septième heure et la huitième , on me remit
une lettre de sa part. Il ne lui étoit pas
permis , m'écrivoit-il , de me parler
pour l'instant ; mais nous nous reverrions
au temps marqué. Cependant il me prescri-
voit d'aller attendre à Parium , où mes
affaires me rappeloient , celui qui me seroit envoyé pour me conduire plus avant
dans le bon chemin. N'ayant donc plus
rien à faire à Pergame , je me disposai
sur-le-champ à partir pour Abramyttion,
où je comptois m'embarquer pour Mitylène. On me dit que j'avois à traverser
une grande forêt où il étoit aisé de s'é-
garer , si l'on n'avoit un guide ; et lorsque je consultai mon hôte sur ce point,
un homme du pays qui disoit connoître
tous les détours de ce bois , s'offrit
à m'en servir. Il étoit obligé lui-même,
à ce qu'il dit , de passer par cette forêt
pour retourner chez lui , et s'il pouvoit faire la route avec moi , elle lui pa-
roîtroit moins longue. Il y avoit dans sa

physionomie quelque chose qui m'inspiroit de la confiance. Je ne fis donc nulle
difficulté d'accepter son offre, sur-tout
escorté de mon vieux serviteur ; et nous
partîmes d'assez bonne heure, dans l'espérance, suivant qu'il l'assuroit, de nous
voir hors de péril avant le lever du soleil ;
mais le soleil se coucha, et nous ne décou-
vrions encore aucune issue pour sortir du
labyrinthe où nous étions engagés. Au
contraire, nous paroissions nous y enfon-
cer toujours davantage, quoique mon
guide protestât qu'il ne s'étoit pas trompé
de chemin. Comme il ne m'étoit pas possible de me défier d'un homme qui étoit
si sûr de son fait, et dont la physionomie garantissoit la probité, je me tran-
quillisai de mon mieux, et j'eus la constance de le suivre sans me plaindre ; à la
fin, il avoua de lui-même qu'il avoit
manqué la route d'Adramyttion. Il sembloit ne pas comprendre comment ce a
s'étoit fait. Il faut, disoit-il, qu'une
main plus sublime s'en soit mêlée. Crois-
tu donc, lui demandai-je en riant, qu'un
lutin des bois ait pris plaisir à nous égarer ? La chose ne seroit pas impossible,
répondit-il avec beaucoup de sang-froid,

il y a par-tout de mauvais esprits. J'espère que tu ne les crains pas, repliquai-
je. Non assurément, reprit-il; quelque
peine qu'ils en ressentent, ils sont obligés
de concourir au bien qu'ils voudroient
empêcher par le mal qu'ils essayent de
faire. J'aurois aimé à voir la figure de
mon guide pendant qu'il s'exprimoit
ainsi; mais la nuit étoit trop sombre.
Nous aurions sujet d'être reconnoissans,
lui dis-je, si, pendant que ton esprit
méditoit de nous conduire dans un étang
ou dans un abyme, il nous avoit conduits
à un bon gîte sans s'en douter. J'ose l'espérer, répondit-il, j'apperçois déja de
la lumière entre ces arbres. C'est peut-être
un feu follet, repris-je, si ce n'est pas le
clair de lune. Il garda le silence, et bientôt le bois devint moins touffu; la lune
nous envoya un peu de clarté, et nous
retrouvâmes un sentier que mon guide
assura reconnoître. Nous avions à peine
marché l'espace d'un quart d'heure, que
nous vîmes devant nous une longue vallée, et que nous discernâmes quelques maisons entre des grouppes d'arbres. Ne vous
l'ai-je pas bien dit, s'écria mon guide,
en me les montrant de la main ? La ques-

tion, repris-je, est de savoir si l'on voudra nous loger. — Ce que vous voyez est une petite maison de campagne dont le maître est de ma connoissance : c'est un homme bienfaisant ; il ne refusera pas de nous héberger cette nuit.

Tout fatigués que nous étions, nous nous hâtames de descendre la colline, et nous nous vîmes bientôt entre des rangées de châtaigniers qui nous conduisirent directement à une maison simple, mais spacieuse. En approchant, nous fûmes agréablement surpris d'entendre, à la faveur du silence de la nuit, un concert de voix d'hommes et de femmes, qui formoient l'harmonie la plus exquise. Je crus entendre un chœur de ces êtres célestes, dont mon Inconnu avoit affirmé que leur correspondance seroit au nombre des avantages de la régénération qui s'approchoit. Mon guide ne parut nullement surpris, et je commençai à croire que s'il s'étoit perdu dans le bois, ce n'avoit été l'ouvrage ni du hasard ni des esprits, mais qu'il avoit eu l'intention de m'amener où j'étois.

Pendant un certain temps, nous prêtâmes l'oreille en silence, et lorsque le chant eut cessé, mon guide frappa trois coups à la porte de l'avant-cour. On ne tarda pas à venir s'informer de ce que nous voulions. Mon guide répondit en Syriaque quelques mots que je ne compris pas, et ajouta en Grec qu'il avoit conduit à travers la forêt deux étrangers qui avoient dessein de gagner Adramyttion ; que nous nous étions égarés, et que nous espérions ne pas éprouver un refus si nous demandions à coucher en ce lieu. Il n'avoit pas encore fini de parler que la porte s'ouvrit. Un bel homme âgé d'environ cinquante ans nous prit par la main l'un après l'autre, et nous assura que nous étions les bienvenus. Un de ses fils nous éclaira, et l'on nous introduisit dans une petite salle, où survinrent presqu'aussitôt cinq ou six jeunes gens de bonne mine, qui, en qualité de fils de la maison, s'efforcèrent de nous prouver que l'on nous y voyoit avec plaisir. Bientôt six jeunes filles de seize à vingt ans, les sœurs de ces jeunes hommes, apportèrent de quoi nous laver les pieds. Elles étoient vêtues avec autant de modestie que de propreté, et se distinguoient de toutes les personnes de leur sexe que j'avois vues jusqu'alors, par un air d'innocence, de

vertu et de pudeur qu'il est plus aisé de
sentir que de peindre. Elles placèrent
l'eau devant nous, sans lever les yeux,
étendirent des linges sur une table, et se
retirèrent l'une après l'autre avec autant
de décence et aussi peu de bruit qu'en
entrant. Une chose me frappa sur-tout en
elles, ce fut leur extrême ressemblance ;
elles ne différoient que par l'âge et la
taille. Je fis la même observation, quoique
dans un degré moins frappant, à l'égard
des six frères. Les trois plus jeunes se
ceignirent de serviettes de lin, et sans
faire attention à mes refus et à ceux de
mon valet, ils nous lavèrent les pieds en
silence, et d'un air aussi humble que religieux. Lorsqu'ils eurent fini, et que
nous eûmes pris quelques instans de repos,
le maître du logis reparut, et nous conduisit dans une autre pièce, auprès d'une
table couverte d'œufs et de laitage, de
très-beau pain et d'excellens fruits. Nous
trouvâmes dans cette salle une matrone
d'environ quarante ans : c'étoit la mère
des douze enfans que nous venions de
voir. Cette femme m'inspira, au premier
coup-d'œil, un sentiment que je n'avois
pas encore éprouvé, et qui me tint en
équilibre entre le désir de tomber à ses

genoux, et celui de la serrer dans mes bras, tant rayonnoit sur son visage et dans ses mouvemens un admirable mélange de dignité et de modestie, de gravité et de bienveillance, de sagesse et de candeur, d'activité et de calme ! Ce fut pour moi un spectacle ravissant et nouveau de voir ces parens entourés d'un si grand nombre d'enfans sains, bienfaisans, et qui leur ressembloient à tous deux, pareils à un bel arbre qui, au moyen de deux branches principales, s'est divisé en une multitude de rameaux touffus et pleins de sève. Toute la famille sembloit n'avoir qu'un cœur et qu'une ame. Les ordres des parens ne consistoient que dans un coup-d'œil, et ils étoient exécutés aussi rapidement et avec autant de silence que les membres obéissent à la volonté La bonté, la bienveillance, une complaisance qui partoit du cœur, en un mot une harmonie des ames, dont je n'avois encore aucune idée, brilloit dans leurs yeux, s'annonçoit par tous les mouvemens et toutes les actions de ces heureuses créatures, et me paroissoit d'autant plus merveilleuse que je ne m'étois pas encore trouvé avec des gens aussi taciturnes. L'on eût dit que ce langage des ames, qu'ils comprenoient si bien entr'eux , suffisoit pour exprimer tout ce qu'ils avoient à se dire. Sont-ce là , me disois-je à moi-même, ces Chrétiens dont les prêtres et le peuple parlent avec tant d'horreur , dont les grands parlent avec tant de dédain ? L'esprit qui les anime est-il généralement celui de leur secte ? Ah! s'il est ainsi, mon Inconnu avoit bien raison de les nommer des hommes nouveaux et les premiers-nés d'une création nouvelle. L'âge d'or même de nos poëtes n'est qu'un conte puéril, auprès d'un monde dont les habitans ressembleroient à cette famille.

J'avois le cœur si plein que je ne pus m'empêcher de témoigner à mes hôtes par des expressions très-vives, l'admiration qu'ils m'inspiroient et l'affection que je sentois pour eux ; mais mon langage parut leur être étranger. Les jeunes gens baissèrent les yeux ou se retirèrent de côté, et leur père m'examinoit comme pour lire sur ma figure s'il ne s'étoit point trompé à mon égard. Tandis que je cherchois en moi-même ce que cela pouvoit signifier, la maîtresse de la maison me tendit une coupe remplie de vin, dans laquelle, suivant l'usage du pays, une de ses filles avoit auparavant versé de l'eau. Je la reçus de ses mains, et par la force de l'habitude, pendant que je la considérois avec un air de respect et de complaisance, j'en versai, sans penser à ce que je faisois, quelques gouttes sur le plancher avant de la porter à mes lèvres. La dame recula en palissant, et presque aussitôt la mère et les filles quittèrent la chambre. Pourquoi as-tu fait cette action, me dit le père avec une gravité affectueuse? Vois comme tu as effrayé ces bonnes ames. Le rouge me monta au visage; je m'excusai, en prenant Jupiter à témoin, sur ce que ma main avoit agi sans que ma volonté y eut part. Alors les jeunes gens sortirent en ordre et en silence, comme avoient fait leur mère et leurs sœurs. C'est l'effet de l'habitude, dit mon guide, en secouant la tête. Depuis plus de quarante ans, reprit notre hôte, ce plancher n'a pas été profané par une seule libation idolâtre. Le nom d'aucun démon malfaisant n'a été prononcé dans cette demeure. Nous ne craignons pas de déclarer que nous adorons l'Etre unique par qui et en qui tout existe, et que nous le servons, comme nous l'a enseigné le disciple bien-aimé de son fils. Notre frère qui t'a amené nous a dit que tu étois sur le point de devenir un des nôtres.

J'avoue que je fus très-surpris d'entendre ainsi parler un homme que j'avois trouvé jusqu'alors aussi raisonnable que généreux. Tu ne m'aurois donc pas reçu, lui dis-je, si tu n'avois pas eu de moi cette opinion. Je t'aurois accueilli, répondit-il avec la même sérénité; mais d'une autre manière. Tous les hommes, quels qu'ils soient, peuvent être sûrs que nous ne nous refusons à remplir envers eux aucun des devoirs de l'humanité; mais il n'y a que nos frères qui puissent compter sur notre amour, et si nous étions moins soigneux d'éviter toute communication avec ceux qui ne le sont pas, nous perdrions bientôt ce qui, je parle d'après toi-même, nous a valu ta bienveillance. Ce n'est qu'en nous séparant des enfans du siécle que nous nous préservons du malheur d'être souillés par eux.

Si pour être votre frère, répondis-je, il suffisoit d'en avoir le désir! Mais je suis encore si ignorant que je n'ai pas même abordé les élémens de la sagesse à laque le vous êtes redevables de vos vertus.

Ce qu'il y a de bon en nous, reprit mon hôte, nous vient de la grace d'en-haut. La volonté seule nous appartient, et lorsqu'elle est bonne, c'est encore l'effet de la grace. Au reste, simples nourrssions de la céleste sagesse, nous n'en buvons que le lait. Nous sommes des campagnards ignorans, et la haute science de nos prophètes est un don de l'Esprit-Saint qui ne nous a pas été départi. Nous nous contentons, dans la simplicité de nos cœurs, d'être attachés à notre maître, d'aimer de tout notre pouvoir ce Sauveur qui est mort pour nous, de suivre ses maximes, de nous conformer à son exemple, et d'attendre avec joie son retour.

C'en est assez pour être sauvé, mon frère, lui dit mon guide. Mais les enfans ne sont pas destinés à demeurer tels ; ils doivent parvenir à l'adolescence et à l'âge mûr, et alors, même pour y arriver, ils ont besoin d'alimens plus substantiels.

Le maître du logis ne répondit rien. Je sais, reprit mon guide après un moment de silence, que l'on t'a prévenu contre notre église ; mais je suis certain que si tu avois vu notre prophète, si tu l'avois entendu, tu changerois de sentiment.

Mon frère, dit notre hôte, je ne verrai

jamais

jamais d'homme pareil à Jean , le bien-
aimé du Seigneur. Combien je me félicite
de l'avoir vu , cet aimable vieillard que
nous chérissions tous comme notre père ,
et que nous honorions comme le lieute-
nant de son adorable maître ! Que je
m'applaudis de voir sans cesse son image,
ou plutôt son esprit planer devant moi
sous une forme lumineuse , toutes les fois
que je me le rappelle ! Je n'oublierai de
ma vie le moment où, dans cette maison,
dans cette même chambre où nous sommes,
lorsque je n'avois encore que sept ans , il
posa sur moi sa main vénérable, et me
donna sa bénédiction ! Tant que je vivrai,
j'entendrai retentir dans mon ame le son
des dernières paroles avec lesquelles il
prit congé de son église d'Ephèse. Mon
père m'avoit envoyé dans cette ville à
l'âge de quatorze ans, pour y achever mon
éducation. Bientôt après le saint , qui
avoit vu presque tout le premier siècle du
salut , sentit approcher l'heure de sa dissolution. Il se fit porter dans l'assemblée
des fidèles qui s'étoit réunie dans sa demeure. Non , jamais ce spectacle et les
sentimens dont il me pénétra ne sortiront
de ma mémoire. Si un ange avoit voulu

nous apparoître sous les traits d'un vieillard, il auroit pris ceux de Jean au moment de cet adieu. Ses yeux s'étoient af-
foiblis ; mais le dernier éclat de leur
flamme prête à s'éteindre, sembla tout-
à-coup les ranimer, et brilla dans un regard plein d'amour qu'il jetta sur nous
tous. L'assemblée, dans un silence religieux, étoit agenouillée et en pleurs autour de lui pour recevoir sa dernière bénédiction. Il se leva, étendit les bras
vers nous, nous bénit, tomba en arrière
et mourut.

La voix manqua à notre hôte, comme il
achevoit de proférer ces mots ; des larmes
inondèrent ses joues ; il tint long-temps
ses yeux élevés vers le ciel. Mon guide
se taisoit comme uniquement occupé de
sentir ; et moi je faisois intérieurement
le vœu solemnel de consacrer désormais
toutes mes pensées et tous mes efforts à
être admis, le plutôt possible, dans la
société de ces hommes pieux qui, selon
moi, auroient réconcilié Timon lui-
même avec le reste du genre - humain.

Peu après, notre hôte se leva sans rien
dire, nous mena dans une chambre préparée pour nous recevoir, et nous souhaita
une bonne nuit.

Malgré ma lassitude , j'avois l'imagination trop remplie de ce que je venois de
voir et d'entendre pour goûter le repos ,
ou pour en laisser jouir mon camarade de
voyage. Comment se peut-il , lui dis-je,
que des hommes aussi vertueux que vous
l'êtes soient méconnus à ce point ?

Cela te surprend , me répondit-il, avec
ce sourire que l'on employe pour satisfaire
aux questions ingénues d'un enfant !
Nous sommes méconnus , précisément
parce que nous sommes vertueux. Pouvons-nous espérer, nous qui sommes encore si inférieurs à notre divin modèle ,
que l'on nous traite mieux que lui ? Il
commença pour lors , d'après mes questions , et encouragé par l'intérêt avec lequel je l'écoutois , à s'étendre avec une
ardeur qui alloit toujours en augmentant,
sur le caractère de l'homme rare qu'il ap-
pel oit son modèle et son maitre: Cet
homme , à ce qu'il me dit , dans un âge
où les esprits vulgaires sont à peine en
état de saisir les premiers élémens de la
sagesse , avoit laissé si loin derrière lui
les Sages de tous les siècles et de toutes
les nations , que les Hermès , les Zoroastre , les Pythagore et les Socrate se

seroient félicités d'être ses disciples. Dans
l'âge des passions il s'étoit montré un si
parfait modèle de tempérance, de chasteté,
de calme, de douceur, en un mot de
toutes les vertus les plus difficiles à pra-
tiquer, qu'il osa défier publiquement ses
ennemis de lui reprocher une seule faute,
et que le Gouverneur romain de la Judée,
quoiqu'assez pervers pour livrer un innocent à la fureur du peuple et des prêtres,
fut forcé d'avouer hautement qu'il ne le
trouvoit coupable de rien. Vit-on jamais,
continua-t-il, un homme qui ait parlé,
vécu comme lui, et couronné par une
mort aussi admirable, une vie aussi pure,
sans rien prétendre ici-bas, sans intérêt
pour lui-même, certain que la mission
dont il étoit chargé lui feroit autant d'ennemis implacables, de tous les puissans,
de tous les riches, de tous les prêtres, de
tous les savans, en un mot, de tous les
enfans du royaume de ténèbres ; il poursuivit sa carrière au milieu d'eux avec
autant de calme et de sérénité que s'il
n'avoit pas su d'avance que cette route le
conduisoit directement à mourir sur une
croix. Chaque pas qu'il fit vers ce but fatal fut marqué par un bienfait ; chacune
de ses paroles étoit un axiôme de sagesse,

et combien sa sagesse l'emportoit sur ce qui avoit usurpé ce nom chez les Grecs même, si vains des progrès de leurs lumières ! Qui jamais discourut des choses célestes et divines avec autant de noblesse et de simplicité, avec autant de profondeur et dans un langage aussi intelligible, d'une manière si convenable à un Dieu, et pourtant si rapprochée de la foiblesse humaine ? Il étoit impossible de l'écouter sans être ravi en extase et convaincu de la vérité de ses discours, ou plutôt sans sentir que c'étoit la vérité même qui parloit aux hommes, après avoir emprunté leurs dehors. Il étoit impossible d'être bon, tel que l'on étoit sorti des mains de la nature, et de le voir, de l'entendre, de vivre près de lui, sans être entraîné par la majesté et la bonté irrésistible dont il étoit doué, sans éprouver pour lui un amour tel que personne n'en inspira jamais. Tous ses disciples de l'un et de l'autre sexe, ceux même qu'il avoit choisis pour être continuellement les compagnons et les témoins de sa vie, lui demeuroient attachés par la seule force de cet amour. Sa personne fut toujours pour eux un secret impéné-

trable ; mais lorsqu'ils furent certains
qu'ils n'avoient rien à espérer de lui dans
ce monde, qu'au contraire leur attachement à sa doctrine ne leur attireroit que
haine et persécution, une vie laborieuse
et une mort cruelle, cet amour inconcevable agit encore si puissamment sur leurs
cœurs, que, jaloux de suivre son exemple,
ils ne se laissèrent intimider ni par les
dangers, ni par les tourmens, et annon-
cèrent avec courage aux nations, ainsi
qu'il les en avoit chargés, le céleste
royaume qu'il étoit venu fonder sur la
terre. Même après les avoir quittés, fidèle
à sa promesse, il fut toujours au milieu
des siens, ou pour mieux dire, son corps
avoit seul disparu à leurs regards. Lui-
même continuoit d'exister en eux ; il
s'exprimoit par leur bouche, il agissoit
dans leurs œuvres, il accomplissoit, par
leur moyen, la grande entreprise que les
esprits de ténèbres s'étoient flattés de renverser à sa naissance, en le faisant mourir.
Et cet homme divin, ajouta mon guide
d'une voix plus forte, cet homme, le plus
sage, le meilleur, le plus pur, le plus
aimable, le plus aimant et le plus aimé
des hommes, mourut dans la trente-trois-
ième année d'une telle vie, mourut sur

une croix ! Il se tut pendant quelques
momens, et reprit en ces termes : Seras-tu
encore surpris que les disciples d'un maître aussi méconnu ne soient pas mieux
traités que lui ? Dans le fait, on nous
traite encore trop bien ; et j'appréhende
que cette indulgence ne soit un indice
fatal du peu de conformité que nous avons
avec lui.

Je n'avois rien à repliquer à une réponse qui tranchoit aussi péremptoire-
ment le nœud de ma difficulté ; et je le
pouvois d'autant moins que je me rappelai sur-le-champ le passage de mon
cher Platon, où il soutient qu'un homme
parfaitement sage et parfaitement bon,
précisément parce qu'il est tel, est nécessairement méconnu, haï, bafoué,
persécuté et enfin mis à mort par les autres hommes, sans cesser, même sur
la croix, d'être semblable à lui-même.

Ne seroit-on pas tenté de croire, me
disois-je, qu'un esprit de prophétie
inspira ces paroles au philosophe Athé-
nien, comme une prédiction qui devoit
s'accomplir d'une manière si frappante,
plusieurs siécles après lui, chez un peuple
que peut-être il ne connoissoit pas ?

Je ne pus m'empêcher de faire part de

cette réflexion à mon guide. Il parut être de mon avis; il assura que les sages des nations idolâtres avoient été plus d'une fois, sans le savoir, les précurseurs et les hérauts de l'Envoyé de Dieu. Plus ses discours sembloient faire impression sur mon esprit, plus il se montroit ardent à me convaincre tout-à-fait. Probablement, comme nous devions nous séparer au point du jour, il ne vouloit point avoir à se reprocher d'avoir négligé de me mettre dans la bonne voye. Cependant, malgré son adresse, en dépit du zèle avec lequel il s'acquittoit du rôle qui lui avoit été visiblement confié, j'aurois dû m'appercevoir que la déclamation entroit pour beaucoup dans ses discours. Il n'auroit tenu qu'à moi d'expliquer d'une manière infiniment plus simple que la sienne toute l'énigme du personnage extraordinaire dont il vouloit me faire adopter les dogmes. Tout cet appareil de merveilleux seroit rentré dans le cours habituel des choses d'ici-bas, si je m'étois rappellé que l'histoire, ou pour l'appeller de son vrai nom, la mythologie de ce Fils de Dieu, présentoit les mêmes visions et les mêmes résultats que toutes les fables de ce genre, depuis l'indien Brama, l'égyp-

tien Hermès, le bactrien Zoroastre, le
gete Zamolxis, les grecs Linus et Orphée, etc., jusqu'à notre moderne Apollonius. Toujours une suite non interrompue de prodiges de uis l'emprisonnement
jusqu'à la mort, une nature et des forces
sur-humaines, une sagesse, une vertu
plus que mortelles, des relations avec
les dieux et le monde invisible, le don de
commander aux élémens et aux esprits
que l'on suppose y régner; un ascendant
irrésistible sur le vulgaire, une éloquence
entraînante ou qui gagne tous les cœurs,
le pouvoir de ressusciter les morts, de
prophétiser l'avenir, etc. ; toujours un
démon bienfaisant qui a pris la forme
humaine pour se montrer parmi les hommes, afin de les arracher à des maux
inouïs, et de les placer dans un état de
bonheur; pour fonder une religion nouvelle, un ordre, un culte secret, ou une
théocratie, qui n'est d'abord que l'innocent ouvrage de quelques enthousiastes
bien intentionnés, mais qui finit bientôt
par devenir un gouvernement sacerdotal,
et asservit à son joug les peuples et les
empires. Spectateur impartial des folies
de ce monde, je n'aurois eu besoin que
d'appliquer à l'histoire du fils de Marie le

dilemme suivant : Ou les Thaumaturges
en imposoient de propos délibéré à leurs
partisans et au reste de la multitude,
peut-être dans des vues bienfaisantes,
comme on ne sauroit le nier, par exemple, du fondateur des mystères d'Eleusis;
ou bien ils se faisoient illusion à eux-
mêmes par la force de leur enthousiasme,
et aux autres par cet ascendant naturel
que les grandes ames exercent sur les
ames vulgaires. Dans ces deux hypothèses tout se seroit expliqué le plus aisément du monde, sur-tout si j'avois réflé-
chi à combien peu il tient qu'aux yeux
d'une populace ignorante et supersti-
tieuse, un homme extraordinaire devienne
un héros, et que le héros se transforme en
dieu. Il faut bien peu connoître la nature
humaine pour s'attendre, de la part des
témoins oculaires des actions d'un tel
homme, ou de ceux qui les ont fréquen-
tés, à autre chose qu'à des exagérations de
ce qu'ils ont vu, de ce qu'ils ont ouï
dire; et comment ne seroient-ils pas aussi
avides de raconter des faits incroyables
que la plupart de leurs auditeurs le sont
d'en entendre raconter et d'y ajouter foi?

Mais je ne me rappellai rien de ce qui
auroit pu me désabuser. Je ne fis point

de réflexions. J'admirai ce grand-homme ;
je détestai ses bourreaux, j'aimai, j'enviai
ses disciples. Je ne me lassai point d'in-
terroger mon guide sur les détails de sa
vie mortelle, sur les évènemens dont sa
mort avoit été suivie, et le matin nous
surprit sans que le sommeil eut fermé nos
paupières.

Les commissions dont mon père m'a-
voit chargé pour Mitylène étoient d'une
nature si urgente, et le temps où je
devois retourner à Parium étoit si pro-
chain, que, quoiqu'il m'en coutât de me
séparer sitôt de mon nouvel ami, je
n'aurois pas osé demeurer davantage,
quand bien même notre hôte eut paru
dis osé à m'héberger plus long-temps.
Ainsi, au coucher du soleil, je pris congé de lui et de mon guide. Celui-ci engagea un serviteur de notre hôte à me mettre
sur le chemin de Pitane, m'embrassa
tendrement, et m'assura que je le reverrois plutôt que je ne l'imaginois peut-être.
Il refusa obstinément les marques de ma
gratitude ; et comme j'insistai, malgré
ses refus, il les accepta enfin dans la
seule intention de les employer au soulagement de ses frères malheureux, pour
lesquels il y avoit dans chaque province

une caisse commune formée des contributions des riches de toutes les églises.
A ce seul titre, me dit-il, je puis accepter votre don, puisqu'au moins, d'après
votre bonne volonté, j'ai droit de vous
regarder comme un de nos frères.

Dès que je fus abandonné à mes propres
méditations, toutes les espérances que
l'Inconnu m'avoit fait concevoir se ré-
veillèrent en moi avec la plus grande
vivacité, et je crus entendre encor résonner à mes oreilles ces paroles empha-
tiques : Bientôt le voile tombera de tes
yeux. Initié à des mystères, dont ceux
d'Eleusis ne sont qu'une ombre trompeuse, tu parviendras à la contemplation
d'une lumière bien autrement sublime.
Un guide des ames, autre que le fabuleux Hermès, reconduira vers sa source
ce qu'il y a en toi de divin. Je me hâtai
d'écarter les obstacles qui me gênoient
encore. Eveillé, endormi, je ne pensois
et ne rêvois qu'aux moyens de m'affranchir le plutôt possible de tout autre engagement, pour me consacrer sans réserve à ma grande destination.

Fin de la première Partie.

PEREGRINUS
PROTÉE.
TOME SECOND.

PEREGRINUS PROTÉE,

OU

LES DANGERS

DE L'ENTHOUSIASME.

Traduit de l'allemand de Wieland.

TOME SECOND.

A PARIS,

De l'Imprimerie du MAGAZIN ENCYCLOPÉDIQUE, rue Honoré, n°. 94, en face du Passage Roch.

L'an IIIᵉ. de la République.

PEREGRINUS PROTÉE,

OU

LES DANGERS

DE L'ENTHOUSIASME.

SECONDE PARTIE.

A MON retour dans la maison paternelle, je trouvai mon père accablé des
infirmités de la vieillesse, quoiqu'il ne
fût pas encore d'un âge avancé. Ce motif
lui avoit fait prendre la résolution de quitter son commerce, de régler ses comptes
avec tous ses correspondans, et de passer
tranquillement le reste de ses jours dans
la société de ses amis. Il me déclara, presqu'aussitôt après mon arrivée, que son
unique dessein, en me rappellant auprès
de lui, avoit été de se débarrasser entre
mes mains des affaires qu'il avoit encore
à terminer, principalement de celles qui
exigéoient des voyages plus ou moins
longs dans les différentes places de commerce de la Mer Noire, de la Mer Ægée

et de la Cilicie. Rien ne s'accordoit moins
avec mes penchans que le genre de vie
auquel me condamnoit cette mission. Cependant le devoir eut encore assez de force
sur mon esprit pour me la faire accepter
d'aussi bonne grace que j'en étois capable.

Je redescendis pour lors en quelque
sorte au niveau des autres hommes. Ce
n'est pas que j'eusse moins à cœur le projet de m'associer aux chrétiens , dès que
j'en aurois la facilité. Au contraire ,
moins je trouvois de plaisir dans les affaires et les distractions de mon nouvel
état , plus j'étois frappé du contraste des
hommes avec qui j'étois forcé de vivre ,
et de ces créatures simples et bonnes , parmi lesquelles m'avoit conduit mon guide
de Pergame ; plus aussi je sentois par intervalle se réveiller en moi le désir de goûter cette pure sérénité de l'ame , cette eudémonie à laquelle je croyois ne pouvoir
atteindre que dans la société de ces êtres
vertueux. Mais ceci tenoit à un changement qui s'opéra en moi , et qui probablement n'auroit pas eu lieu si tôt dans
d'autres circonstances. Mon enthousiasme
prit insensiblement une autre direction.
Plus les influences du monde matériel

acquéroient d'empire sur mon ame , plus
mon sens intérieur s'émoussoit pour les
visions spirituelles du monde fantastique
où j'avois plané jusqu'alors. Autrefois le
but de tous mes souhaits avoit été d'exister , à la manière des Génies , parmi les
substances incorporelles , et de me spiri-
tua iser , pour ainsi dire , tout vivant.
Maintenant , le plus vif de mes besoins
étoit de rompre, le plutôt possible , toute
liaison avec des hommes dont les habi-
tudes contredisoient sans cesse mon idéal
d'harmonie et de beauté ; pour me renfermer dans un petit cercle d'hommes ingé-
nus et irréprochables , dont un charme
continu me feroit chérir la présence , et
sur qui je pourrois épancher la plénitude
de mon affection, sans craindre l'illusion
et le repentir, sans courir le danger d'être
souillé par la contagion de leurs mœurs
ou de leurs passions. En un mot , l'enthousiasme magique de mon adolescence
se changea, pour quelque temps au moins,
en un enthousiasme moral. Celui-ci m'ex-
posoit sans doute à de nouveaux prestiges
de sensibilité ou d'imagination ; mais il
avoit en même - temps l'avantage de
me rapprocher de ce qui constituoit à

mes yeux la perfection de notre espèce.

Cependant la conduite de l'Inconnu et celle de mon guide ne décelèrent pas le moindre empressement. Ce ne fut guère qu'au bout de six mois que le dernier m'écrivit à l'occasion de quelques marchandises envoyées de Smyrne à mon père. Il me mandoit que sous peu de temps il viendroit me voir à Parium. Bientôt après nous eûmes la visite d'un commerçant d'Ægine appellé Hégésias, et qui avoit des commissions de divers correspondans de mon père. Cet Hégésias n'étoit autre que mon guide. Il s'acquitta si bien de ses commissions, que mon père, charmé de sa prudence et de son habileté, accepta avec plaisir l'offre qu'il lui fit de se charger des siennes pour la côte d'Ionie. Il devint en attendant l'ami de la maison ; ainsi les occasions ne me manquèrent pas pour avoir avec lui autant de conversations particulières que j'en pouvois desirer. Il me donna quelques-uns des livres des chrétiens, livres qu'ils tenoient encore extrêmement cachés, et qui renfermoient spécialement l'histoire des trois dernières années de la vie de leur maître, ses miracles, ses discours

publics, et la doctrine secrette dont il ne
faisoit part qu'à ses disciples choisis. Je
dévorai ces livres avec ma vivacité ordinaire, et j'y puisai un amour si tendre
pour cet homme unique et merveilleux,
qu'il ne m'auroit pas été difficile d'ajouter foi sur son compte à des choses encore
plus incroyables que celles dont on lui
attribuoit la gloire. Hégésias n'oublia
rien de ce qui pouvoit m'affermir dans
ma croyance, et me faire envier de plus
en plus l'honneur d'être élu pour concourir à la destruction du royaume de
ténèbres. Il m'y trouva si bien disposé,
que la nuit qui précéda son départ, il me
conféra sans scrupule le premier grade de
l'initiation aux mystères du christianisme.
Pendant cette cérémonie, simple à la
vérité, mais que le silence de la nuit et la
terreur du lieu qu'il avoit choisi pour en
être le théâtre, contribuoient à rendre aussi
touchante que solemnelle, il me fit pro-
noncer un serment qui devoit m'assurer à
perpétuité le droit de bourgeoisie dans le
royaume des cieux, et m'enrôler parmi
les combattans qui vouoient une guerre
implacable à l'empire des démons.

Hégésias avoit été contraint plus d'une

fois d'employer son éloquence à modérer
le zèle que lui-même m'avoit inspiré, à
me convaincre qu'il étoit de mon devoir
de ne point me soustraire aux fonctions
que la Providence m'avoit assignées avant
qu'un ordre exprès me l'eût enjoint. Mais
dans cette heure auguste, le desir de tout
abandonner et de me consacrer sans réserve à ma vocation nouvelle, s'empara
de moi avec tant de violence, que je réi-
térai mes sollicitations auprès d'Hégésias,
dans l'espoir d'imposer silence une fois
pour toutes à ses objections ; je me pré-
valus avec feu de la réponse que son maître et le mien avoit faite à un jeune homme
riche qui lui demandoit comment il devoit
s'y prendre pour être heureux. Suivant
moi, cette réponse s'appliquoit d'une manière décisive au cas où je me trouvois ;
mais il n'étoit pas aussi aisé que je l'imaginois de faire perdre du terrein à Hégésias. Il gourmanda mon impatience
avec une sévérité inexorable, quoique
tempérée par la douceur, et il soutint
obstinément qu'il ne m'étoit pas permis
de quitter mon père, tant qu'il auroit
besoin de mes services. La réponse qui
fut faite au jeune homme avec qui tu te

compares, me dit-il, bien loin de te convenir, décide plutôt contre toi. Ta disposition actuelle est exactement l'opposé de la sienne ; car il se retira d'un air affligé, en apprenant qu'il falloit dire adieu à tout ce que tu brûles de quitter. Ne t'abuse point, mon frère, ajouta-t-il ; il ne s'agit pas de renoncer à des choses placées hors de toi. Renoncer à toi-même, par le sacrifice de tes vœux les plus ardens, voilà le premier devoir que t'impose ton admission dans la tribu des enfans de la lumière. Comment, Peregrinus ! tu te flattes d'accomplir le sublime précepte de notre maître ; tu te vantes de lui tout immoler ! et dans le fait, tu te bornes à déposer un fardeau qui te gêne, et au lieu de faire sa volonté, c'est la tienne que tu prends pour règle ! Ce même desir passionné qui te porteroit à tout quitter pour l'amour de lui, feroit rejeter ton offrande. Ce n'est qu'une illusion de ton *moi* qui n'est pas encore entièrement surmonté, ou, pour mieux dire, c'est un filet invisible dans lequel ton mauvais Génie essaye de te prendre. Veux-tu t'assurer si tu as véritablement renoncé à toi-même ? Offre à l'Eternel ce desir déplacé ; retourne

chez ton père, et sois persuadé que tu
sers le Seigneur, en continuant de gérer
les affaires de ta maison avec attention et
avec zèle. Si tu es trouvé fidèle dans cet
humble poste, tu seras appellé, lorsqu'il
en sera temps, à un ministère plus relevé.

Hégésias m'adressa cette réprimande
d'un ton si sérieux et si imposant, que je
crus entendre l'Inconnu de Smyrne. Je
me rendis avec toute l'humilité qui convenoit à un Néophyte. Il me bénit, et
m'assura que je pouvois dès-lors me considérer comme un membre de la cité sainte.
Or, en m'assujettissant aux devoirs les
plus rigoureux de cette haute dignité,
j'en avois aussi obtenu toutes les prérogatives, ainsi j'avois la certitude, à
partir de ce moment, d'être sous la pro-
tection immédiate de tous les esprits de
lumière, et dans une liaison étroite avec
les habitans de ce royaume que ni l'espace, ni le temps ne pouvoient limiter.
Je devois recevoir des preuves infaillibles
de tout cela sans ma participation, aussi
souvent que l'exigeroit le service de notre
divin maître.

Hégésias, comme je l'appris dans la
suite, étoit parmi les agens secrets de

mon Inconnu, l'un de ceux qui avoient
le plus de part à sa confiance, et qui le
servoient avec le plus d'activité. Sa présence d'esprit, sa perspicacité merveilleuse, son expérience, son habileté à se
mêler avec toute sorte de personnes et à
gagner leur affection, le rendoient tout-
à-fait propre à cet emploi. Lorsqu'il vouloit s'emparer d'un individu qui pouvoit,
sciemment ou non, dans un poste élevé
ou subalterne, en qualité de poids, de
rouage ou de ressort, coopérer au grand
œuvre dont l'Inconnu tenoit le fil, il étoit
presqu'impossible qu'il lui échappât. Il
parloit avec facilité toutes les langues
usitées dans l'Empire romain. Versé dans
la science du commerce, il étoit en relation avec plusieurs Grands, et avec les
maisons les plus distinguées de toutes les
villes marchandes ; et il pouvoit être
d'autant plus utile à la grande entreprise,
au succès de laquelle il s'étoit dévoué,
qu'à l'exception des frères qui le connoissoient, ou à qui il se faisoit connoître,
personne ne l'auroit soupçonné d'être
chrétien. Afin qu'il pût se faire tout à
tous pour l'avantage de la bonne cause,
il étoit dispensé des pratiques extérieures

qui auroient pu le rendre suspect aux profanes. Mon Inconnu étoit dans l'usage d'accorder cette sorte de dispense à ses col aborateurs les plus employés, et il m'en gratifia aussi par l'entremise d'Hégésias, quoique je fusse encore bien éloigné de ce rang. Mais il entroit dans leurs projets que mes parens et mes concitoyens ignorassent mes liaisons avec les frères.

Je dois dire ici qu'il y avoit une différence notable entre les églises chrétiennes, petites et grandes, semées de mon temps dans l'Empire romain. Il régnoit entr'elles si peu d'intelligence et d'ordre, que l'on n'auroit peut-être pas trouvé deux églises de quelqu'étendue qui eussent sous tous les rapports la même croyance et les mêmes principes. Faute d'une doctrine rédigée avec exactitude, et universellement adoptée, plusieurs articles de leur foi demeuroient incertains; et comme une multitude de questions inévitables ne pouvoient, par cette raison, être résolues d'une manière satisfaisante, chaque église dépendoit en grande partie des sentimens et des préjugés de ses chefs et de ses docteurs. Le maître n'avoit rien laissé par écrit qui put servir de règle à ses futurs partisans ; dès-lors la mesure de mémoire et d'intelligence qu'avoient possédée ses premiers disciples, jointe à l'opinion que l'on avoit de leur probité, fut le seul garant qu'ils purent donner aux leurs des faits dont ils parloient comme témoins oculaires, et des préceptes qu'ils disoient tenir de la propre bouche du maître. Il n'est donc pas surprenant qu'il se fut élevé des erreurs et des dissentions du vivant même de ceux qui avoient fondé les premières églises ; mais ces erreurs et ces querelles nuisoient d'autant moins à la considération de tel ou tel arbitre de la foi, que celui dont la doctrine différoit en quelques points de celle des autres, s'appuyoit comme eux sur la tradition, ou sur des livres qui n'étoient dans le fait que des traditions écrites, et qu'ainsi, il étoit aussi fondé que personne à donner sa doctrine pour celle qui s'accordoit le mieux avec l'idée du maître, et avec le sens de ses paroles. D'après cela, il est aisé de conjecturer que le nombre des vrais chrétiens étoit déjà fort petit de mon temps, et qu'il se bornoit peut-être à quelques familles, semblables à celle avec qui j'avois fait connoissance dans mon voyage d'Abramyttion ; mais d'un autre côté le nombre des gens qui s'arrogeoient le titre de chrétiens devoit, par cette raison même, être très-considérable. Ces derniers, quoiqu'ils fussent d'accord dans quelques articles de foi, s'éloignoient beaucoup les uns des autres tant dans leur façon de penser générale, que dans leurs dogmes et leurs pratiques religieuses. Et les disputes qui naissoient à ce sujet entre les docteurs détruisoient nécessairement, sans que l'on s'en apperçut, cet esprit de concorde et d'amour qui devoit faire de toutes les églises un seul corps, dont le Christ étoit l'ame.

Cette division des chrétiens d'alors en différens partis, dont la plupart se ramifioient encore en sectes plus petites, sembloit menacer l'institut d'une ruine prochaine, à cette époque où le nombre de ses membres s'étoit prodigieusement accru, pendant l'intervalle de tranquillité dont ils étoient redevables à l'empereur Adrien et aux deux Antonins. Un péril aussi imminent n'échappa point à la sagacité de mon Inconnu. Il rêva aux moyens de le prévenir, et se sentant né pour

pour les entreprises difficiles , il conçut
la grande pensée de former un ordre secret , au moyen duquel il espéra donner
à toutes les églises d'Orient et d'Asie l'u-
niformité de doctrine nécessaire à leur
consistance et à leur durée. Placé à leur
centre , comme leur chef invisible , il se
flatta d'ériger une théocratie nouvelle qui
embrasseroit et domineroit l'Univers sur
les ruines de toutes les anciennes reli-
gions et des constitutions de tous les empires. S'il ne réussissoit pas à la conduire
à sa perfection , au moins comptoit-il la
fonder sur une base tellement solide qu'il
pourroit sans craindre laisser à l'avenir le
soin d'achever son ouvrage.

Un an s'étoit écoulé depuis que j'avois
reçu d'Hégésias le premier grade de l'initiation. Dans cet intervalle , nous nous
étions vus plusieurs fois en divers lieux ,
et j'avois déjà donné tant de preuves de
mon zèle pour la bonne cause , et de mon
obéissance implicite au moindre signal de
mes supérieurs , qui étoient à mes yeux
les organes immédiats du Verbe divin ,
que Cérinthe (j'appris alors que mon Inconnu s'appelloit ainsi), m'accorda un
second rendez-vous. Peu de temps après ,

j'eus l'honneur d'être solemnellement introduit dans une des églises qui étoient
sous sa direction. J'y reçus le deuxième
grade des Initiés. Le vénérable Cérinthe
remplit lui-même les fonctions de Mystagogue, et tout ce qui frappa mes oreilles
et mes yeux pénétra mon ame de sensations que je n'avois pas encore éprouvées.
A dater de cette époque, j'entrai avec
un redoublement de ferveur dans tous les
plans de Cérinthe. Il parut si content de
mon zèle, que dans les premiers jours de
ma réception, il ne mettoit plus de différence entre moi et ses confidens les plus
intimes. Mais insensiblement il se replia
sous le voile mystérieux dont il s'étoit
enveloppé au commencement de notre
liaison ; et lorsque je me croyois déjà
admis dans l'intérieur du sanctuaire, j'appris que j'étois seulement dans le second
vestibule, et que j'avois à subir des
épreuves et plus longues et plus rudes,
avant qu'il fût permis à Cérinthe de lever
tout-à-fait le bandeau qui étoit sur mes
yeux, et de me laisser contempler sans
réserve la lumière dont je ne pouvois
encore supporter l'éclat. Cette ouverture
ne pouvoit manquer l'effet qu'il s'en pro-

mettoit sûrement. Au lieu de me décou-
rager , elle tendit à-la-fois tous les ressorts de mon être. Je me sentis la force
de tout souffrir et de tout entreprendre ,
afin de parvenir à ce grade sublime. Cependant Cérinthe ne s'expliqua pas davantage sur les préparatifs et les épreuves
qui m'étoient réservés. Il m'exhorta simplement , comme il avoit fait dans notre
première entrevue , à m'occuper sans foiblesse et sans pitié pour moi-même du
soin de purifier mon ame , à détruire mes
appétits charnels et mes passions égoïstes ;
enfin à considérer mon *moi* comme le
plus dangereux , le plus opiniâtre et le
plus rusé de tous les ennemis que j'avois
à combattre , en ma qualité de soldat du
royaume des cieux. Il m'insinua que l'in-
ébranlable résolution de se sacrifier
tout entier à la cause de Dieu , étoit l'u-
nique route qui conduisît à cette perfection sublime qu'il m'avoit montrée de
loin , et comme à travers le crépuscule
du jour naissant , dans l'assemblée des
chrétiens de Pergame. Je vois , ajouta-
t-il , que ton cœur est embrâsé pour elle
d'un saint amour ; mais le desir , la passion ne constituent pas encore cette ferme

volonté qu'aucun péril n'épouvante, que n'ébranle aucune tentation , qu'aucun travail ne lasse , que n'étonne aucun sa- crifice. Cette volonté n'est pas l'ouvrage de quelques jours ou de quelques se- maines. Elle ne peut naître que par la mort de tout autre penchant , de toute autre volonté. Elle n'existe réellement que lorsqu'elle a tout-à-fait absorbé le *moi* humain. Cérinthe finit par me tracer des règles de conduite à l'aide desquelles le nuage qui s'élevoit encore entre moi et cette perfection, devoit s'entr'ouvrir à mesure que je les mettrois en pratique ; et , sans me faciliter à beaucoup près la route où j'étois engagé , il me laissa voir assez clairement que le temps où mes yeux seroient tout-à-fait dessillés ne dépendoit que de moi-même.

Cinq ou six jours après ma réception dans la Communion des Saints , les af- faires de notre chef l'appellèrent ailleurs, et les miennes me rappellèrent à Parium. Les adieux de Cérinthe laissèrent dans mon cœur une cicatrice profonde. Je ne me sépare point de toi , mon frère, me dit-il en me serrant la main , car je demeurerai toujours en esprit à tes côtés,

et je serai le témoin invisible de la fidélité avec laquelle tu garderas le trésor
que tu as reçu. En proférant ces mots,
qui avoient dans sa bouche quelque chose
d'attrayant et de magique, il me donna le
baiser de paix, l'un des signes auxquels
les chrétiens se reconnoissoient entr'eux,
et il disparut à mes regards avant qu'il
me fût possible de soulager par des paroles la plénitude de mon cœur.

Il m'auroit été plus facile et plus doux
d'aller m'ensévelir chez les Anachorètes
de la Thébaïde, que de retourner à Parium dans le tourbillon d'une vie ac-
tive, et parmi des hommes dont la société
m'étoit de jour en jour plus à charge ;
mais Hégésias, qui avoit acquis presqu'autant de pouvoir sur mon esprit que Cérinthe lui-même, et à qui je laissai voir
quelque chose de cette disposition, me
ramena bientôt à d'autres pensées. Il me
réitéra les représentations qu'il m'avoit
déjà faites sur ce sujet, en leur prêtant
une nouvelle force ; il soutint constamment que ma persévérance dans l'humble
sphère dont je n'étois pas encore sorti,
étoit la plus grande preuve de renonce-
ment à moi-même qui me fût demandée

pour lors. Souffre donc , lui dis-je enfin avec une chaleur qui ne parut pas l'émouvoir , souffre au moins que j'embrasse une idée consolante , la seule qui puisse me rendre supportables ces soins temporels , ce fardeau qui accable l'esprit. La nature a besoin de peu , et même dans ce peu auquel je me restreins , il y a tant d'aliment pour le vieil homme , que je songe sans cesse aux moyens de m'abstenir encore de quelque chose. Permets, à commencer d'aujourd'hui , que je regarde l'église comme propriétaire et maîtresse de tout mon bien, et moi comme n'en étant que le simple administrateur. A cette condition , je demeurerai non-seulement avec patience , mais même avec joie, courbé sur ce banc de forçat aussi long-temps qu'on l'exigera de moi.

J'eus lieu de penser par la suite que ma générosité envers la caisse des frères, dont Hégésias étoit le principal trésorier, ne lui déplut pas extrêmement; mais il n'en laissa rien appercevoir. Il me remercia aussi froidement de ma bonne volonté que s'il eût été question de cinquante drachmes , et non de plus de deux cents talens ; mais il m'avertit en même-temps, avec un empressement fraternel , de bien prendre garde qu'un secret orgueil ou quelque vue illégitime ne se cachât imperceptiblement sous cette louable intention. Mon frère , me dit-il , nous appartenons à Dieu , avec tout ce que nous possédons. Qu'avons-nous en effet que nous n'ayons pas reçu , ou que pouvons-nous appeller nôtre qui ne soit pas à lui ? Tous tant que nous sommes , nous ne faisons , sous tous les rapports , que gérer une portion plus ou moins considérable de sa propriété. Il saura bien , quand son heure sera venue , nous demander compte de ce qui lui appartient ; et malheur à nous s'il ne nous trouve pas prêts à tous les instans à lui tout restituer jusqu'à la dernière obole !

Je fus d'abord piqué d'apprendre que mon offre n'avoit rien de généreux ni de méritoire ; mais j'étouffai sur-le-champ cette petite rébellion de mon cœur comme une suggestion du malin esprit , et je ne trouvai dans le propos d'Hégésias que la vérité la plus simple et la plus incontestable. En effet, je n'étois pas assez avancé, et le pouvois-je dans ma frénésie ! pour soupçonner la

filouterie avec laquel'e ces pieux char-
latans savoient se mettre à la place du
Seigneur, d'une manière tellement sub-
tile qu'une ame ingénue ne pouvoit s'en
appercevoir ; et leur talent de persuader aux simples que ce qu'on leur donnoit
n'étoit qu'une vieille dette que l'on payoit
entre leurs mains.

Je ne pressentois pas le moins du
monde qu'un jour viendroit où j'aurois
sujet de penser aussi défavorablement de
ces saints personnages, par qui je m'en-
orgueillissois de m'entendre donner le
nom de frère ; je prenois tout ce qu'ils
me disoient dans le sens le plus pur et le
plus littéral. Ne me considérant plus que
comme l'agent de l'église, les affaires dont
j'étois chargé acquirent à mes yeux une
toute autre importance. Elles me parurent, au moyen de leur destination, devenir une espèce de fonction religieuse ;
et diligemment soutenu par Hégésias et
par d'autres frères qui lui étoient subor-
donnés, je travaillai avec d'autant plus
de zèle à l'amélioration de mon patrimoine, que, pour parler le langage de
notre ordre, il devoit être employé sans
réserve à bâtir la cité de Dieu.

Mon père mourut subitement quelques années après; mais personne n'en fut surpris : d'après sa manière de vivre, on avoit conjecturé depuis long-temps que tôt ou tard une suffocation termineroit ses jours. Il ne vint dans l'esprit d'aucun de mes concitoyens, et je prévis moins que personne, qu'au bout de plusieurs années, une circonstance aussi simple fourniroit matière à ce bruit infâme, inventé par la calomnie la plus atroce, et dont l'orateur d'Elis, cité par Lucien, se prévalut contre moi avec tant d'assurance et de malignité. La bonne intelligence qui avoit toujours régné entre mon père et moi, malgré la différence de nos principes et de nos goûts, et l'estime que m'avoient valu de la part de mes compatriotes mon caractère moral et une conduite sans reproche, rendoit un pareil soupçon aussi invraisemblable que l'action même auroit été dénaturée. Je n'avois pas alors, que je sache, l'ombre d'un ennemi dans les murs de Parium. Le seul Ménécrate, qui, depuis plusieurs années, avois mis en œuvre toutes les ressources imaginables de la manie d'hériter, pour obtenir une mention avantageuse dans le testament de mon père, se refroidit un peu à mon égard, en voyant qu'il n'y étoit pas question de lui. Callippe elle-même y étoit simplement rappellée pour un legs modique. A la vérité, depuis l'ouverture du testament, je n'eus guère sujet de compter sur la bienveillance de cette dame, piquée sans doute d'avoir renouvellé infructueusement, à chaque occasion favorable, les prétentions qu'elle avoit jadis formées sur ma personne. Toutefois son mécontentement n'alla point jusqu'à une rupture ouverte. Ce ne fut que lorsque mon départ de Parium et le bruit de mon association avec les chrétiens m'eurent fait encourir le blâme universel de mes compatriotes, qu'elle se permit sur mon compte, ainsi que je l'appris par la suite, des observations et des demi-confidences qui furent les premières bases de cette calomnie.

J'écrivis à Hégésias dès que j'eus pris possession de tout l'héritage, qui, les legs déduits, pouvoit monter à environ deux cent vingt talens. J'espérois, lui mandai-je, que l'on ne feroit plus difficulté de consentir à ma séparation totale des enfans de ténèbres, et qu'il me seroit enfin permis de consacrer ma personne et mes biens au service du Seigneur, et à l'accroissement de son royaume. Dans le fait, Hégésias, par ses relations avec les principaux marchands et banquiers des villes commerçantes de l'Asie, avoit si bien pourvu à ce qu'une grande partie de ma fortune fût déjà entre ses mains, que je devois lui en savoir gré. Il se contenta donc, sans me répondre d'une manière positive, de me donner rendez-vous à Nicomédie. Nous devions y discuter ma demande ; et, en attendant, il sauroit du prophète quelles étoient sur moi les vues du Seigneur. Je pressai mon départ, au reçu de sa lettre, et après avoir réglé toutes mes affaires, je m'embarquai, sous prétexte de visiter une ferme que j'avois en Bithynie, sans regretter un seul ins-tant la vie agréable que j'aurois pu mener dans ma ville natale, au sein de l'aisance et des plaisirs, tant j'avois l'ame imbue des ineffables douceurs qui m'étoient destinées !

Hégésias me reçut à Nicomédie avec la fraternité la plus tendre. Il me couduisit parmi nos frères de cette ville. Leur église n'étoit pas nombreuse ; mais elle étoit toute dévouée à Cérinthe. Il me témoigna combien celui-ci étoit satisfait de la fidélité que j'avois montrée jusqu'alors dans l'œuvre de ma sanctification. Il m'assura en finissant qu'il ne balançoit plus à tirer le dernier voile, et à me laisser contempler des secrets qui n'étoient manifestés, à la plupart des frères, qu'en images et en symboles. Cette promesse mit le comble à mon impatience ; et l'adroit Hégésias, à qui appartenoit la fonction de Mystagogue, sut donner à l'instruction secrette que je reçus de lui pendant quelques semaines, tout l'appareil de sainteté, de solemnité et de magie qui devoit en décupler l'effet sur un esprit tel que le mien. La Gnose m'entoura comme une lumière surnaturelle qui brilloit sur moi du haut des cieux ouverts. J'étois comme ravi au-dessus de moi-même. Je sentois dans le plus profond de mon être la présence redoutable et l'action irrésistible de la divinité. En un mot, il me sembla plus d'une fois que je jouissois réellement de cette vie sublime et spirituelle, de cette alliance immédiate avec la Nature divine, dont je

croyois

croyois me rappeller que la foible lueur
des pressentimens avoit fait briller le crépuscule dans mon ame, soit durant ma
première jeunesse, soit à l'ombre des
bosquets de Vénus-Uranie. Au surplus,
cette magnifique Gnose n'étoit ni plus ni
moins qu'un tissu de rêveries théoso-
phiques et magiques que Cérinthe avoit
eu l'art de coudre aux idées fondamen-
tales du christianisme d'alors. Une suite
naturelle de sa théorie étoit que l'esprit
humain, en dépit de l'écorce épaisse et
ténébreuse qui l'enveloppoit, depuis qu'il
étoit banni de l'empirée, n'étoit pas encore tellement obscurci, qu'à travers les
fentes de cette croûte il n'y pénétrât
quelques étincelles, quelques rayons de
l'immense océan de feu et de lumière qui
coule éternellement de l'abyme de la
Divinité. Cette théosophie gnostique consistoit principalement en ce que les abs-
tractions de la philosophie ordinaire y
étoient personnifiées, et que, sous les mots
qui les désignent, étoient cachés les êtres
et les forces inconnues dont ces idées
métaphysiques ne sont que des ombres.

Mais les secrettes instructions d'Hégésias, au lieu d'être, comme je m'en étois

flatté, le dernier grade de mon initiation, étoieut bien plutôt une sorte d'épreuve à laquelle on me mettoit pour voir si je méritois d'être admis à la connoissance du véritable secret, article sur lequel il importoit beaucoup à mes supérieurs de ne pas se méprendre. Si ma raison avoit eu dès-lors assez d'em ire sur mon imagination pour laisser voir des doutes légitimes sur le sens littéra. de leurs dogmes, et sur sa conformité avec la pure doctrine du maître, au lieu de prendre à la lettre et d'adorer, pour ainsi dire, ces illusions d'une magie théurgique, voilées sous les mystères du christianisme, si par toute ma conduite j'avois convaincu le pénétrant Hégésias que je n'étois pas homme à m'en laisser imposer par de brillantes chimères, il ne se seroit fait aucun scrupule de m'ouvrir le sanctuaire de l'ordre, de me montrer la différence qu'il y avoit entre sa doctrine exotérique et ses maximes ésotériques, en un mot de me confier que son sens littéral n'étoit que pour les ames foibles et exaltées, tandis que son sens moral, qui remettoit chaque chose dans son cours naturel, étoit réservé au petit nombre des chefs qui devoient voir plus clair que les autres. Mais il étoit impossible de livrer un secret de cette importance à un enthousiaste tel que moi, à un homme qui voyoit le but même de Cérinthe et d'Hégésias dans ce qu'ils n'employoient qu'en guise de moyens pour arriver à ce but, et pour qui l'ordre auroit perdu tout son charme, si on l'avoit désabusé. Ils résolurent donc, comme la suite le prouva, de m'appliquer au seul usage par où je pouvois servir leur entreprise, et auquel je m'offrois de si bon cœur. Ils s'emparèrent insensible- ment de tout mon avoir, et dès qu'ils s'apperçurent que j'étois enflammé de zèle pour la propagation de leur doctrine, ils me destinèrent aux missions que l'ordre entretenoit dans les provinces asiatiques et orientales de l'Empire romain ; car outre qu'ils me voyoient disposé à tout faire et à tout souffrir pour la cause de Dieu, avec laquelle je confondois la leur, ils croyoient découvrir dans mes facultés, et même dans mon extérieur, tout ce qui annonce un heureux faiseur de prosély- tes. Il me manquoit cependant encore une condition : j'avois l'air trop bien nourri pour un missionnaire ; mais le prudent Hégésias sut bientôt remédier à cet inconvénient. Le saint travail pour lequel le Seigneur m'avoit choisi demandoit d'austères préparations ; et il fallut, pendant quelques mois, tant jeûner, tant veiller et tant prier, que l'abstinence et les nuits passées à des contemplations échauffantes, ne tardèrent pas à me donner l'apparence d'un pénitent indien.

Enfin, Hégésias m'annonça qu'il avoit à faire un voyage où je l'accompagnerois. Il ne me dit pas où nous irions, et il ne m'étoit pas permis de le demander. Une soumission absolue aux volontés du chef étoit l'un des premiers devoirs à l'accomplissement desquels je m'étois engagé. Hégésias lui-même paroissoit n'avoir, sous ce rapport, aucun avantage sur moi. Il me cachoit avec soin qu'il étoit le bras droit, et dans la signification précise de ce mot, le *Factotum* du vénérable Cérinthe, et il vouloit passer pour un instrument aussi aveugle de ses intentions que je l'étois moi-même. Après un long pélerinage, dans lequel nous parcourûmes la Bithynie, la Galatie et la Phrygie, sans cesse occupés de visiter et de corroborer les frères, nous arrivâmes à Iconium , où Cérinthe avoit placé un des plus nombreux séminaires de sa secte. Nous le trouvâmes au milieu de ses disciples , qui étoient formés en partie par lui , en partie par un de ses affidés , à la destination qui m'étoit dévolue. Cérinthe me reçut avec une tendresse , une cordialité qui avoient pour objet , s'il m'étoit resté quelque doute , de me persuader complètement que j'étois un disciple de la c'asse la plus distinguée , et qu'il n'avoit point de secrets pour moi. Tant que dura mon séjour à Iconium , il me témoigna une estime particuliére ; mais , malgré ces beaux dehors , rien de plus adroit que sa conduite à mon égard , quoique je n'aye été à meme de faire cette réflexion que long-temps après , et qu'alors je prisse pour véritable tout ce qui en avoit l'apparence. Pour n'en citer qu'un exemple , il arrangea si bien les choses que je lui parlai le premier du ministère auquel il me destinoit, et que je lui en parlai commme d'un travail auquel je me sentois intérieurement appellé. Je n'ai pas douté un seul instant , me dit-il , lorsqu'il m'a été révélé que tu étois choisi pour cette éminente vocation , que la certitude ne t'en fût donnée dans ton intérieur. A dater de ce moment, toutes les fois que nous étions tête-à-tête, il ne m'entretint que d'objets relatifs à ma mission, et me donna plusieurs avis propres à me diriger. Il ne me dissimula point que sur plus de cinq cents églises grandes ou petites, répandues dans l'Asie, la Syrie et l'Egypte, il y en avoit à peine la septième partie qui fût avec lui en relation immédiate, et que par cette raison, il étoit d'une nécessité indispensable d'envoyer de nombreux travailleurs, afin d'appaiser les troubles, la méfiance et les dissentions que l'esprit de ténèbres ne cessoit de fomenter parmi les églises, et de tenir ces brebis dispersées tellement unies les unes avec les autres, qu'elles entendissent toujours la voix de leur chef, et ne se laissassent point égarer par des guides aveugles ou dangereux. Il s'étendit sur la prudence qu'il falloit mettre en œuvre pour éprouver, fréquenter et gagner les chefs des différentes églises, en instructions que je passe sous silence, attendu qu'elles me détourneroient trop de la suite de mon histoire.

Parmi les jeunes apôtres du séminaire

d'Iconium, il y en eut un qui auroit fixé mon attention, quand bien même notre chef ne l'eût pas honoré d'une considéra_ tion particulière. Il s'appelloit Denys. A juger sur l'apparence, il étoit plus vieux que moi de quelques années. Natif de Paphlagonie, il en étoit sorti dans son adolescence, pour aller cultiver sa raison dans Athènes. Après avoir suivi pendant dix ans les écoles des philosophes, sans jamais trouver la sagesse qu'il y cherchoit, il s'étoit mis en tête d'étudier par lui-même la nature et les hommes, avoit parcouru la Grèce, l'Italie, la Gaule, l'Espagne, l'Afrique romaine et l'Egypte, et s'étoit lié dans Alexandrie avec Hégésias, et par son moyen, avec Cérinthe. Il avoit pris goût à la société de ces hommes qui employoient des charmes auxquels il étoit difficile de résister, lorsqu'ils vouloient attirer quelqu'un dans leurs piéges. Après qu'ils se furent observés durant un certain temps, il avoit resolu de se faire initier à leurs mystères, et d'unir sa destinée à la leur. Je fus attiré vers lui par le calme et l'enjouement de sa physionomie, de même qu'un certain je ne sais quoi parut l'intéresser dans la mienne. Il nous arrivoit fréquemment de nous chercher et de nous rencontrer ; mais j'appris ensuite de lui-même que la sincérité de mon enthousiasme le tenoit dans une sorte de réserve respectueuse, et nos entretiens, non plus que notre amitié, n'allèrent jamais jusqu'à la confiance. Il m'en coûta de m'éloigner de ce jeune homme, que je trouvois infiniment aimable, nonobstant sa froideur, et dont la conversation étoit des plus amusantes, à raison de la multiplicité de ses connoissances. Mais le temps vint où il fallut nous séparer, avec le regret de n'avoir pas formé une liaison plus intime. Il demeura près de notre chef, et je fus envoyé en Cappadoce avec un jeune acolyte que l'on me donna pour me servir

Je passai quelques années dans cette mission. J'y fus passablement heureux, lorsque j'eus affaire à des Cappadociens. Je réussis à infecter plusieurs églises considérables des rêveries de Cérinthe, et à poser dans d'autres de si bons fondemens, qu'il fût aisé au prophète d'achever ce qui restoit à faire, au moyen de sa présence, et de quelques miracles auxquels j'assistai.

Il convient d'expliquer ce que l'on doit entendre par le mot *miracles*. Je ne prétends pas dire que Cérinthe détacha la lune du firmament, pour la faire entrer dans sa manche gauche, et sortir par sa manche droite, ou que sa seule parole transporta les montagnes et changea le cours des fleuves ; mais j'avoue que je lui vis guérir par l'imposition des mains de violentes maladies de nerfs, que l'on mettoit, ainsi que cela se devine, sur le compte des malins esprits. Toutefois il ne faut pas omettre une circonstance qui n'est point indifférente : c'est qu'un assez long frottement accompagnoit cette imposition des mains. Cérinthe chassa aussi quelques démons par la seule vertu d'un parfum exquis, et par la magie d'un beau cantique que les sœurs et les frères moduloient avec les accens les plus doux. Un couple de malades, probablement imaginaires, recouvrèrent tout-à-coup la santé, lorsqu'après une foule de cérémonies préparatoires, il leur commanda de se croire bien portans ; mais ce que je vis de plus admirable, ce fut la résurrection d'une jeune fille qui avoit succombé à des vapeurs hystériques. Au moment où Cérinthe la rappella à la vie , elle étoit morte depuis deux jours , au rapport de sa famille éplorée. Cette résurrection passa chez les bons Cappadociens pour un miracle évident , et je ne puis nier qu'en cette conjoncture je n'aye été aussi Cappadocien qu'eux-mêmes , tant le vénérable Cérinthe jouoit son rôle avec décence et majesté. Ses merveilles opérèrent si bien que non-seulement tous les fidèles de la contrée , qui avoient jusqu'alors douté de ses principes , mais aussi plusieurs idolâtres attirés par la curiosité , se convertirent sur-le-champ. Moi , à qui Cérinthe , dans les premiers instans de notre liaison , s'étoit offert comme un personnage extraordinaire , et en relation avec les êtres surnaturels , je fus peut-être celui que ces prodiges étonnèrent le mo ns. Cependant ils donnèrent un nouvel essor à ma crédulité ; et lorsque Cérinthe m'eût imposé ses mains thaumaturgiques , je me livrai avec un surcroît d'ardeur à une mission nouv , dont il lui plut de me charger ; elle avoit pour objet la Syrie. Le prophète avoit fort à cœur la conquête de cette province ; les frères d'Antioche ,

de Séleucie et de Laodicée maritime
étoient pour la plupart de riches négo-
cians, dont l'opulence et les relations dans
toutes les contrées de l'Empire romain
pouvoient apporter de grands avantages
à l'ordre , s'il parvenoit à gagner leurs
églises , et à les lier plus étroitement avec
ses partisans ré[p]andus dans l'Asie mineure. Comme les Syriens étoient en général doués d'un esprit très-vif et d'une
imagination très-ardente , je lui parus
merveilleusement propre à cette entreprise ; et pour que mes travaux dans un
aussi bon terrein donnassent des fruits
plus prompts et plus abondans , il m'a-
voit fait annoncer par Hégésias et par
d'autres ministres secrets de sa toute-
puissance comme un disciple de l'école
de Jean , qui avoit puisé immédiatement
aux sources les plus pures la tradition de
la vraie doctrine , et qui méritoit d'être
reçu en homme véritablement apostolique,
tant à cause de cet avantage, qu'à raison
de la sainteté de sa vie et de son zèle pour
la propagation de la foi.

Je fis ma première apparition dans les
églises qui étoient sous l'inspection de
l'évêque de Laodicée ; et par-tout je fus

accueilli comme auroit pû l'être un ange
venu du ciel en droite ligne. L'évangile
de Jean, dont Cérinthe m'avoit donné un
exemplaire falsifié conformément à ses
principes, et les commentaires que je
faisois dans les assemblées des fidèles sur
les mystères contenus dans ce livre, eurent un effet prodigieux. La considération dont je jouissois parmi ces bonnes
gens, dont la plupart se laissoient tromper par moi aussi volontiers que je m'a-
busois moi-même, augmenta de jour en
jour. En moins de deux ans, plus de la
moitié des églises de Syrie et de Pales-
tine fut imperceptiblement enlacée dans
les filets de Cérinthe, et se soumit avec
leurs chefs à la domination cachée d'un
ordre dont elles ne soupçonnoient pas
même l'existence. J'eus quelquefois à
lutter dans cette entreprise contre des
difficultés et des obstacles dont le détail
prolongeroit inutilement mon récit; mais
dans le cours de ces résistances, l'appui
des Invisibles m'étoit constamment as-
suré, et ce qui facilita principalement
mes travaux, ce fut qu'ils engagèrent
prudemment les évêques et autres supérieurs ecclésiastiques à jouer dans cette
affaire

affaire un rôle purement passif. Ils n'employèrent d'autre secret que d'augmenter considérablement leurs revenus aux dépens de la caisse de l'ordre , et , suivant toute apparence , à la faveur de mon patrimoine.

Cependant mon départ de Parium, que l'on essaya dans la suite de faire envisager comme une évasion , quoiqu'il n'eût été accompagné d'aucun mystère , avoit excité beaucoup de rumeur dans cette ville , dès qu'on avoit appris que je ne songeois nullement à revenir , que je vivois parmi les Chrétiens , et que je paroissois avoir contracté avec eux des liaisons très-étroites. Long-temps ma famille s'étoit donné des peines infructueuses pour découvrir en quels lieux j'avois séjourné depuis que j'avois quitté Nicomédie. Enfin le vieux Ménécrate apprit d'un de ses amis , qui avoit un correspondant à Antioche , que je figurois en qualité de mystagogue des Chrétiens , tantôt à Laodicée , tantôt à Antioche ou à Séleucie, et que j'étois en grand renom parmi ces sectaires. Mes parens se consultèrent sur le parti qu'ils avoient à prendre pour sauver au moins de la rapacité des Chrétiens ce qui restoit de mon patrimoine à Parium, et le fonds que j'avois hérité de mon grand-père. Leur délibération aboutit à me dénoncer par l'organe de cet habitant d'Antioche au Gouverneur de Syrie, comme un Chrétien de l'espèce la plus dangereuse, dont l'enthousiasme turbulent devoit fixer d'autant plus l'attention des magistrats, que j'avois déjà sacrifié la meilleure partie d'un riche héritage à l'accroissement de cette odieuse secte.

Les loix portées par les empereurs contre toutes les sociétés mystérieuses, et en particulier contre les assemblées secrettes des Chrétiens, n'étoient pas expressément abrogées ; mais elles dormoient, pour ainsi dire, sous l'indulgente autorité d'A-drien. Comme les Chrétiens ne faisoient pas beaucoup parler d'eux à cette époque, il avoit été recommandé sous-main à tous les magistrats de les laisser en repos, et, sans les perdre entièrement de vue, de faire comme si l'on ne prenoit pas garde à eux, tant que des circonstances particulières ou une plainte formelle n'obligeroient pas à sévir contre quelqu'un d'en-tr'eux avec toute la rigueur des ordonnances. Les prêtres payens avoient long-temps

repoussé la maxime imprudente et barbare de ne souffrir d'autre religion que celle
que l'on professe soi-même. Mais lorsque
le christianisme , qui vouloit être toléré ,
en faisant profession d'intolérance , eût
fait d'immenses progrès dans l'obscurité ,
en se dérobant aux regards des magistrats
et des prêtres , la trop longue sécurité de
ceux-ci fit place à des alarmes sérieuses.
C'étoit la mode depuis assez long-temps
de confondre jusqu'à un certain point les
Chrétiens et les disciples d'Epicure. Les
uns et les autres sembloient faire cause
commune , en ce qu'ils traitoient également de superstition l'ancienne religion
des peuples ; et de ce que l'épicuréisme
subsistoit depuis quelques siècles , sans
nuire essentiellement aux intérêts des
prêtres , il s'ensuivit naturellement que
l'on s'accoutuma à regarder les Chrétiens
comme aussi peu dangereux. Cependant
leur différence étoit si grande qu'elle auroit dû sauter aux yeux des prêtres les
plus insoucians. A la vérité les Epicuriens
n'ajoutoient pas plus de foi que les Chrétiens à la prescience de Jupiter ; mais ils
ne lui contestoient point sa divinité. Ils
se moquoient des superstitions de tout

genre; mais ils respectoient la religion dominante comme une institution politique des législateurs. Riant des unes, sans toucher à l'autre, ils demeuroient fidèles à l'esprit de leur philosophie; et l'indifférence dans laquelle ils se renfermoient ne faisoit point germer parmi eux le desir d'étendre leur secte aux dépens de la religion des prêtres et de l'état. Les Chrétiens faisoient précisément le contraire. Ils étoient les ennemis déclarés non-seulement de la superstition, mais encore du culte des dieux; et l'enthousiasme avec lequel ils s'efforçoient d'étendre celui de leur dieu unique, qui ne souffroit point de rival, et la doctrine de son Envoyé, dont le règne devoit embrasser tout l'Univers, autorisoit à présumer qu'ils ne goûteroient aucun repos, tant qu'ils n'auroient pas entièrement effacé de la terre l'antique superstition et le culte dont elle étoit la base.

Dans le complot que mes parens avoient ourdi contre moi, ils avoient eu raison de compter que des représentations de ce genre exciteroient le zèle des prêtres d'Antioche, et les disposeroient à intenter une plainte formelle auprès du Gouverneur, à l'appui de leur dénonciation ; ils avoient pris de telles mesures pour que cette plainte eût le succès convenable , que je fus arrêté dans une assemblée nocturne de mes frères , au milieu de la célébration de nos mystères les plus augustes. On se contenta de recommander sérieusement aux autres de ne plus former d'attroupemens aussi contraires aux loix, et on les renvoya chez eux ; mais en qualité de chef de ces réunions illicites , je fus conduit devant le juge de première instance ; il me demanda si j'étois Chrétien, et j'eus à peine répondu affirmativement , et avec l'intrépidité d'un martyr , que je fus mis en prison , conformément à l'édit de Trajan.

Cet évènement fit d'autant plus de bruit dans Antioche, que depuis nombre d'années , cette ville , grande , opulente et livrée à tous les plaisirs , n'avoit rien vû de semblable. Pendant deux ou trois jours, on ne parla d'autre chose ; mais aussi l'on n'y pensa plus dès que l'histoire eut cessé d'être nouvelle. Il n'en fut pas de même parmi les Chrétiens. La commotion fut générale , sur-tout dans les églises qui étoient liées avec Cérinthe. On s'apperçut bientôt que l'attaque étoit dirigée contre moi seul, et que la masse des fidèles ne couroit presque point de danger, ou même n'en couroit aucun ; mais ils se donnèrent tant de mouvement, ils s'intéressèrent si chaudement à mon sort, firent en secret tant de complots, et prirent des soins tellement efficaces pour ma délivrance, que leur empressement tumultueux contribua pour beaucoup à prolonger ma détention pendant une année entière. Cérinthe et son ami avoient trop de prudence pour agir ostensiblement dans cette conjoncture ; mais je leur dois la justice d'avouer qu'ils employèrent avec zèle l'intervention d'un tiers pour adoucir ma situation ; et, graces à leurs bons offices, tant que dura ma captivité, j'eus toutes les commodités que l'on pouvoit se procurer avec de l'argent. L'Inconnu de Lucien n'a jamais moins trahi la vérité dans le cours de sa narration qu'à l'endroit où il parle de mon emprisonnement. Toutes les particularités qu'il rapporte sont littéralement vraies, excepté seulement que la générosité des frères m'enrichit moins qu'il ne le suppose. Ils étoient bien dans l'usage de ne rien épar-

gner en pareil cas pour alléger les souf-
frances de leurs martyrs, et pour les déli-
vrer, s'il étoit possible ; mais ils connoissoient trop le prix de l'argent pour faire
des dépenses superflues. On ne laissoit
aucun des frères dans la détresse ; mais
on auroit été manifestement contre l'esprit de l'ordre, si on les eût enrichis par
une libéralité excessive. Il étoit dans les
principes de la secte de ne s'occuper des
individus qu'autant que l'exigeoit l'avantage de tous.

Quant à moi, l'idée de la cause pour
laquelle je souffrois, tout ce que les titres
de confesseur et de martyr avoient d'héroïque et de glorieux, m'inspirèrent tant
de courage, sur-tout dans les premiers
jours de ma détention, qu'il ne m'est
peut-être pas arrivé dans toute ma vie de
me croire aussi libre qu'alors. Cependant
en peu de mois la trop grande uniformité
de mon bonheur chimérique le dépouilla
de tous ses charmes, et me fit sentir quelquefois d'une manière très-vive l'ennui de
la captivité et l'incertitude de mon sort.
L'impossibilité de m'entretenir avec les
hommes qui pouvoient quelque chose en
ma faveur, ne laissoit pas d'augmenter

la rigueur de ma situation. A la vérité les pieuses sœurs et les matrones bienfaisantes qui avoient soin de moi, formoient de temps-en-temps dans ma prison, par l'entremise du géolier, de petites assemblées de fidèles, avides d'entendre sortir de ma bouche la parole sainte. Elles me procuroient ainsi d'abondantes agapes. Leurs discours et leurs actions ne cessoient de me convaincre de leur charité ; mais en dépit de leurs efforts, les choses allèrent si loin qu'en de certains momens, sur-tout lorsque j'appellois en vain le sommeil sur ma couche, qui n'étoit pas des plus tendres, les images et les souvenirs de la délicieuse Villa Mamilia se retraçoient dans mon cerveau. Dans notre langage ascétique, les réminiscences de ce genre s'appelloient des tribulations. Plus d'une fois je combattis jusqu'au sang pour m'en affranchir, comme d'illusions envoyées par les malins esprits. Je dis jusqu'au sang, et l'expression est exacte, car toutes les fois que Satan vouloit devenir le plus fort, je m'infligeois la discipline avec tant de violence, que le lendemain mon pauvre omoplate ne donnoit pas mal d'exercice à mes compâtissantes gardiennes.

J'avoue que j'empirois le mal ; mais ma grande erreur fut d'ajouter trop de foi à la philosophie de Cérinthe, de mettre dans l'origine assez d'importance à ces tribulations si naturelles pour les regarder comme surnaturelles. L'opinion même qui me les faisoit prendre pour des attaques des mauvais esprits, et qui me portoit à les repousser par tant d'efforts et de travaux, devoit les rendre de plus en plus allarmantes et sérieuses. Mais il est temps d'en venir à l'aventure qui termina toutes ces extravagances, et qui me sépara à jamais des Chrétiens.

Un soir que la longueur de ma détention et la lenteur avec laquelle mes amis paroissoient travailler à ma délivrance, fatiguoient ma résignation plus que de coutume, la porte de ma prison s'ouvrit. Il entra une femme voilée qui tenoit une corbeille sur la tête et une lampe à la main. Après avoir posé la corbeille à terre, et la lampe sur une petite table, elle me salua à la manière des Chrétiens. Son costume étoit celui qu'affectoient les Diaconesses, c'est-à-dire, les veuves âgées, qui se consacroient au service des églises. Il consistoit dans une robe brune, rete-

nue par une ceinture de cuir ; mais il y
avoit dans la contenance de cette Inconnue quelque chose qui contrastoit avec
son habillement , et qui , à l'instant où
elle vint me surprendre , sembla réveiller
en moi un souvenir long-temps assoupi.
J'étois immobile de saisissement. L'impatience de savoir ce que présageoit cette
visite , faisoit palpiter mon cœur , et je ne
pouvois proférer un seul mot. L'Inconnue
ne se montroit pas plus empressée d'enta-
mer la conversation ; elle commença par
découvrir sa corbeille d'un air insouciant;
elle en tira un petit réchaud plein de
charbons enflammés , y jetta quelque peu
d'encens , et remplit l'humide caveau que
j'habitois d'un parfum qui , à ne consulter
que l'odorat , le métamorphosa soudain en
un palais de Fée. Ce préliminaire réveilla
en moi de nouveaux souvenirs ; ma surprise alloit toujours en augmentant ; j'attendois avec impatience le résultat de ces
apprêts magiques. Ainsi ton cœur ne te
dit encore rien , mon frère Peregrinus ,
me demanda l'Inconnue , avec un son de
voix qui avoit trop souvent excité mes
transports , pour ne pas dissiper tout d'un
coup mon incertitude. En parlant ainsi ,

elle jetta son voile en arrière, et me tendit les bras. Que vois-je, m'écriai-je tout hors de moi en m'y précipitant ? Théoclée est-il possible ? Théoclée dans ces lieux ! Théoclée chrétienne ! Et pourquoi non, reprit-elle en riant ? J'ai tant joué de rôles ; pourquoi ne jouerois-je pas aussi celui-là, le seul peut-être qui valût encore la peine d'être appris ? Tu nommes cela un rôle, lui demandai-je avec étonnement ? — Ne te scandalise pas de ce mot, cher Peregrinus. Je ne le dis point à aussi mauvaise intention que tu parois le supposer. Il faut du temps, comme tu sais, pour se désaccoutumer d'un langage que l'on a parlé long-temps, et pour s'habituer à une langue entièrement nouvelle. Tout ce que j'ai voulu dire, c'est que l'un et l'autre nous n'avons rien pu faire de plus sage et de meilleur que d'échanger ce que nous fûmes pour ce que nous sommes aujourd'hui. — Assurément, Théoclée, tu as pris le meilleur parti ; mais parle : Depuis combien de temps es-tu délivrée de l'impure Mamilia ? Comment, en quels lieux l'as-tu abandonnée ? Quel fut le bienheureux instrument de ta conversion ? — Cérinthe, me répondit-elle froidement. Cérinthe, m'écriai-je avec transport ! Cérinthe ! Cérinthe qui m'a sauvé d'une manière si miraculeuse, Cérinthe t'a aussi préservée de la griffe des démons, et t'a fait participer aux béatitudes ineffables du royaume des cieux ! — J'ai encore à t'apprendre, mon cher Protée, des choses bien plus surprenantes ; mais, avant tout, laisse-là, je t'en conjure, ce jargon extraordinaire qui t'est devenu, à ce qu'il paroît, aussi familier que si tu n'en avois jamais parlé d'autre. Daigne te servir d'un langage plus naturel. Je croirois presque que tu n'as pas encore franchi le sanctuaire intérieur de notre ordre. Peut-être aussi crois-tu que je ne l'ai pas encore franchi moi-même. Dans ce dernier cas, mon frère, tu te trompes fort ; je suis au nombre des disciples qui ont vu derrière le rideau. Cher Peregrinus, je suis... — Eh ! quoi donc ? — La sœur, la propre sœur de Cérinthe, dit-elle d'un air enjoué, et d'un ton qui sembloit triompher de ma surprise. Parles-tu sérieusement, repliquai-je ? Toi, toi, Anagallis-Théoclée, la sœur de Cérinthe ? — Très-sérieusement, sublime

Peregrinus-

Peregrinus-Protée, dit-elle en me prenant la main ; je t’en donne ma main
pour garant, la propre sœur du grand
prophête Cérinthe.

J’avois jusque-là conservé mon sang-
froid , en dépit de l’impression que faisoit sur moi la présence de cette enchante-
resse , en dépit de la vapeur magique de
mille doux souvenirs qui s’emparoit de
mon cœur et de mes sens, et qui l’environnoit à mes yeux ; mais je ne pus résister à
cette confidence, et au tendre serrement de
main dont elle fut accompagnée. On eût dit
que je cessois tout-à-coup d’être le même
homme. Ignorant ce que j’étois et ce que
je faisois , je me jettai , ou plutôt je me
roulai aux pieds d’Anagallis ; j’embrassai
ses genoux , je la pressai dans mes bras
avec une sorte de fureur ; puis la repous-
sant loin de moi , je me frappai le front ,
je me laissai tomber sur mon lit , m’élan-
çai de nouveau , appuyai ma tête sur l’é-
paule de Théoclée , et versai par bonheur un torrent de larmes qui me rendit
la parole et sauva probablement ma raison. Ah ! tout cela n’étoit donc que prestige , m’écriai-je , en collant ma bouche
sur le léger tissu qui voiloit son sein !

Mais tu me restes, Anagallis, Théoclée, sous quelque nom, sous quelque déguisement que tu te présentes à moi, tu es toi-même. N'est-il pas vrai, Théoclée, tu ne me trompes pas ? Elle m'embrassa pour toute réponse, avec la paisible tendresse d'une sœur, et me pria de rentrer en moi-même, de réprimer ces mouvemens tumultueux. J'ai une infinité de choses à te dire, ajouta-t-elle ; mais il faut d'abord que tu sois calme. Assieds-toi, cher Peregrinus. Je t'apporte dans cette corbeille des rafraichissemens qui modéreront tes esprits, et j'espère que ma présence agira sur toi comme le Népenthé d'Homère, et bannira de ta mémoire toute idée fâcheuse. J'ai pris soin que personne ne vînt nous interrompre. La nuit nous appartient : un ordre de la police a éloigné les pieux mendians et les vieilles femmes qui veillent d'ordinaire devant cette porte. Théoclée pense à tout, comme tu sais. En parlant ainsi, elle se mit en devoir de vuider sa corbeille, et pour être moins gênée dans ses mouvemens, elle quitta le voile de veuve, la robe brune et la ceinture de cuir, et parut à mes yeux dans une tunique d'é-

toffe légère , et blanche comme la neige ,
rattachée par une ceinture de roses , les
cheveux à demi liés et à demi épars , telle
qu'une Nymphe , et plus charmante que
jamais. Dois-je l'avouer ? L'effet que
Théoclée produisit sur moi dans une parure si séduisante , dans un moment si
critique , à la lueur magique d'une seule
lampe , après une si longue séparation ,
après une abstinence de sept ans , et dans
ce bouleversement de tout mon être, changea tout-à-coup l'enthousiaste, le demi-
ange en un furieux ; tranchons le mot, en
un satyre. Je dois déclarer qu'elle fit
l'impossible pour se soustraire à mon im-
pétuosité ; mais ses forces n'alloient pas
jusque-là ; de plus , la porte étoit ver-
rouillée par dehors. Elle auroit pu crier
plus fort qu'elle ne crut devoir le faire ;
mais elle savoit trop bien vivre pour se
permettre un esclandre , qui , en nous
rendant la fable d'Antioche , eût exposé
les Chrétiens à des commentaires dont
leurs ennemis auroient sans doute cruel-
lement abusé.

Mais cet épisode qu'elle n'avoit pas su
prévoir dérangeoit tout son plan , et par
conséquent il ne pouvoit que lui déplaire.

Dans le fait une irruption de ce genre étoit
peut-être le seul moyen capable de me
mettre à l'abri des tentations de cette rusée
créature ; elle seule pouvoit me placer
dans la situation paisible, sans laquelle,
suivant toute apparence, il m'auroit été
impossible de faire avorter les projets
qu'elle avoit formés sur moi ; et lorsque
j'y pense, je suis presque tenté de regarder ce transport frénétique, qui étoit si
peu dans mon caractère, comme l'ouvrage
de mon bon Génie, ou de le ranger au
moins dans la classe de ces hasards inex-
plicables qui nous délivrent d'un grand
mal, ou qui nous procurent un grand
bien, tandis que nous ne sommes que les
instrumens aveugles d'une cause qui agit
machinalement sur nous, hasards dont
tous les hommes sans exception ont peut-
être des exemples à citer pour leur propre
compte. La suite de mon récit prouvera
que cette observation n'est point déplacée.

J'obtins, non sans peine, le pardon de mon
audace ; et quelques coupes d'un vin qui
nous rappella les bacchanales de la fausse
Uranie, rétablirent la bonne intelligence
entre nous. Ce fut alors que je priai Théo-

clée de m'expliquer par quel prodige la fille d'Apollonius, la célèbre danseuse Anagallis, la confidente de la plus voluptueuse des Romaines, en un mot la belle Théoclée, de Prêtresse infiniment terrestre de la céleste Vénus, s'étoit métamorphosée en sœur du divin Cérinthe, et en Chrétienne. Je suis venue ici, répondit-elle, avec l'intention de t'expliquer tout cela ; et quoique j'aye peu sujet de me fier à ta sagesse, au risque d'être encore une fois la dupe de mon cœur, je hasarderai de confier mon secret à ton amitié, dont je ne doutai jamais. Ou je me trompe fort, ou le destin nous a réunis après une si longue séparation, pour que nous travaillions ensemble à un plan vaste, et pour que nous demeurions toujours unis de cœur et d'esprit, quelque séparés que nous soyons de nouveau par l'effet des circonstances. A la suite de ce préambule, elle exigea de moi, à titre de condition indispensable, sans laquelle toute communauté devoit sur-le-champ cesser entre nous, le serment le plus solemnel de la considérer désormais comme ma sœur, et de prendre avec elle le nom, les sentimens et la conduite d'un frère. Je devois naturellement réclamer contre une semblable proposition ; mais elle y persista sérieusement ; il fallut obéir, et laisser à sa générosité le soin de régler si, et dans quelles circonstances elle jugeroit à propos de se relâcher un peu avec le temps de la rude pénitence qu'elle m'imposoit.

Ces préliminaires convenus, elle me confia son histoire et celle de son frère. Cérinthe étoit plus âgé qu'elle de cinq ou six ans. Ils étoient nés de parens Juifs, qu'ils avoient perdus dans leur enfance. La nécessité les obligea de se louer à une troupe de danseurs ambulans. A quelque temps delà, la petite Dorcas, c'est le nom que portoit alors Théoclée, tomba entre les mains d'un certain Hermias, qui professoit dans Athènes la philosophie d'Aristippe. Ce Sage, par des vues un peu intéressées, se fit une affaire capitale de cultiver en partie par lui-même, en partie à l'aide des meilleurs maîtres qu'il pût trouver, les dispositions qu'il découvroit en elle. Elle parloit de cet homme, qui avoit été son second père, avec la chaleur et la tendresse d'une fille qui croyoit lui avoir obligation de tout ce qu'elle étoit devenue ; mais la mort le lui ravit au bout de quelques années. Il lui laissa un petit legs qu'elle dissipa en peu de temps , et bientôt elle fut réduite à vivre des talens qu'elle avoit acquis sous ses yeux.

Cependant le destin avoit fait éprouver à Cérinthe les effets de sa bizarrerie. Il avoit d'abord accompagné sa sœur à Athènes , et par attachement pour elle, Hermias avoit pris soin de lui pendant deux ans , et l'avoit mis à portée de commencer dans les écoles des rhéteurs et des philosophes la culture d'un esprit qui dès-lors ne promettoit rien de vulgaire. Au bout de ce terme , Hermias recommanda ce jeune homme à un de ses amis de Corinthe, qui l'employa dans son commerce , et le fit voyager avec lui. Mais dans un de ces voyages , poussé par l'inquiétude de son esprit , qui , sans aucun but déterminé , tendoit toujours vers de grandes choses , il se sépara de son protecteur , et se rendit dans Alexandrie. Il y demeura quelque temps dans la société des Juifs, se fit instruire dans la religion de ses pères, forma des plans mal conçus pour le soulagement de sa malheureuse nation , et , trompé à cet égard dans toutes ses espérances , sortit d'Ale-

xandrie pour errer d'aventures en aventures. Il avoit appris en Egypte la philosophie hermétique. Il parcourut la Chal-
dée et la Médie, jusqu'à la ville sainte
de Balk, située sur les bords de l'Oxus,
à dessein de se faire initier dans les mystères des Chaldéens et de la secte de
Zoroastre.

Pendant qu'une imagination féconde en
projets entraînoit Cérinthe dans les contrées de l'Orient, Dorcas mérita insensiblement dans toutes les provinces de l'empire romain la réputation de la première
danseuse de son temps ; elle charma les
yeux et les cœurs, soit sur les théâtres
publics, soit dans les maisons particulières où elle étoit appellée. Il s'étoit
écoulé plus de dix ans depuis qu'elle avoit
embrassé ce genre de vie. Elle avoit entièrement perdu son frère de vue, lorsqu'au
moment où elle s'y attendoit le moins,
elle en reçut une lettre par laquelle il l'en-
gageoit à se lier avec lui dans une entreprise dont il se promettoit de grands avantages pour tous deux. Il s'étoit mis à la
tête d'une association qui vouloit parcourir les provinces septentrionales de l'Asie
-mineure, pour initier aux mystères d'Isis

les amateurs des pratiques superstitieuses.
Ce n'est pas tout ; il s'agissoit de joindre
à ce charlatanisme un oracle et d'autres
opérations chaldéennes et magiques qui
faisoient espérer un ample butin parmi
les peuples ignorans et crédules de la
Paphlagonie, de la Galatie et du Pont. Cérinthe avoit besoin pour cela d'une prêtresse, sur l'esprit et les attraits de laquelle
il pût compter dans toutes les hypothèses,
et la renommée lui avoit fait prendre à
cet égard une idée si avantageuse de sa
sœur, qu'il se crut certain du plus heureux succès dès qu'elle voudroit s'associer
à son entreprise. La belle Anagallis entra
d'autant plus volontiers dans ses vues,
qu'elle étoit alors passablement dégoûtée
du théâtre ; d'ailleurs elle prévit dans
cette nouvelle carrière mille occasions
d'occuper agréablement sa tête inventive,
outre qu'elle voyoit tarir de plus en plus,
depuis qu'elle avoit perdu le piquant de la
nouveauté, les sources de la dépense
énorme dont elle avoit contracté l'habitude. Elle voua donc ses services à son
frère, qui l'attendoit à Smyrne, se forma
sous ses auspices au personnage qui lui
étoit assigné, parcourut ensuite avec lui

et les siens une grande partie de l'Asie
mineure, et justifia l'idée que Cérinthe
en avoit conçue. Mais quels que fussent
les agrémens de cette vie errante, elle
avoit ses embarras et ses dangers. Le
dénoument de toutes les intrigues n'étoit
pas également heureux ; et Anagallis, ou
plutôt Parisatis, nouveau nom qu'elle
s'étoit donné, délibéroit déjà depuis quelque temps avec son frère sur les moyens
d'exercer leurs talens d'une manière plus
noble et plus proportionnée à l'élévation
de leur génie, lorsqu'un hasard favorable leur fit faire connoissance avec la
belle et opulente Romaine Mamilia-Quin-
tilla. Les deux dames conçurent tant
d'amitié l'une pour l'autre, qu'elles résolurent de ne plus se séparer. Cérinthe
étoit absent lorqu'elles formèrent ce
projet. Théoclée l'en informa par une
lettre ; et il consentit d'autant mieux à la
laisser en de si bonnes mains, qu'il se
proposoit de former de nouvelles liaisons,
et qu'il couvoit déjà son grand projet. Cependant il fallut qu'elle lui promit d'entretenir avec lui, le plus qu'il seroit possible, une correspondance non interrompue, et d'être toujours prête à se-

sonder ses nouveaux plans , dont il lui faisoit encore un mystère.

Je n'ai pas besoin, continua-t-elle , avec le rire demi-ironique qui avoit sur ses lèvres un charme inexprimable, de m'étendre longuement sur ce qui m'arriva pendant ma liaison avec Mamilia , puisque toi-même as joué un rôle principal dans nos amusemens , et que tu as déjà reçu de moi , lorsque nous habitions ensemble sa maison de plaisance , la clef de tout le merveilleux qui te procura des illusions si dignes d'envie. Je me hâte d'en venir à ce qui se passa lorsque tu nous eus quittées. Cet incident te fournira une explication nouvelle dé la singulière rencontre qui te surprit tant à Smyrne. Elle me raconta ensuite que son frère avoit été fort exact à lui donner de ses nouvelles depuis leur seconde séparation ; il avoit enfin trouvé une sphère d'activité, où ses talens étoient dirigés vers un but aussi relevé qu'honorable ; il se procuroit une influence d'autant plus importante qu'elle étoit ignorée jusqu'à un certain point, et dont on ne pouvoit fixer les limites. Il lui mandoit de temps en temps que , malgré les obstacles innom-

brables qu'il avoit à surmonter, ses affaires prenoient la tournure la plus heureuse ; mais il ne disoit pas en quoi elles
consistoient ; il se renfermoit dans un langage mystérieux, d'autant plus propre à
exciter la curiosité de sa sœur, qu'il paroissoit toujours compter sur son assis-
tance pour l'avenir. Quelque temps après
mon évasion, il se rendit à Halicarnasse,
et dans une entrevue secrette, lui décou-
vrit la nature de ses nouvelles liaisons,
et les moyens à l'aide desquels il espéroit,
pour ainsi dire, se faire roi d'un empire
invisible. Ses voyages lui avoient fourni
plusieurs occasions de connoître à fond
les Chrétiens, et de prendre de tout autres idées que l'on n'en avoit communé-
ment, de leur institut, ou plutôt de ce
qu'il pouvoit devenir entre les mains d'un
homme adroit et entreprenant ; il avoit
deviné, ce qu'aucun d'eux n'avoit pres-
senti, qu'il étoit fait pour produire la
plus grande des révolutions ; et qu'avec
le concours du temps, qui doit mûrir
toutes choses, il suffisoit pour l'opérer
d'unir, au moyen d'un ordre secret, sinon la totalité, au moins la plupart des
églises, en un tout bien organisé, et de les
soumettre

soumettre à la direction invisible d'un
seul homme appellé à ces vastes fonctions
par son génie, ses talens, son courage,
une activité et une constance infatigables.
Tu connois mon frère, ajouta Théoclée ;
ainsi je n'ai pas besoin de te dire quel étoit
cet homme unique qu'il destinoit à l'exécution de son plan ; et si, du moment
où son imagination enfanta cette grande
pensée, il fut occupé d'autre chose que
des moyens de la réaliser. Il embrassa le
christianisme, et se distingua tellement
dans un intervalle assez court, par sa
promptitude à saisir l'esprit de l'institut,
par l'éloquence et le feu de ses discours,
par le nouvel essor qu'il eut l'art de donner aux idées favorites des Chrétiens, et
par le zèle brûlant, mais toujours subor-
donné à la prudence, avec lequel il s'employa tant pour les églises particulières,
que pour le bien général, qu'il gagna la
confiance de plusieurs chefs. Il parvint
ainsi à connoître de plus en plus le fond
de leurs affaires. Il apprécia, ce qui étoit
le plus important à ses yeux, les personnes capables de seconder ses vues secrettes, soit comme simples instrumens,
soit en qualité de véritables coopéra-

teurs; il distingua celles qu'il pourroit se concilier de manière ou d'autre, ou mettre du moins hors d'état de lui nuire, s'il ne les trouvoit propres ni à l'un ni à l'autre de ces deux emplois. Au milieu de ces soins il établit l'ordre secret; déjà il lui avoit fait des prosélytes dans toutes les églises d'Asie. Les fondemens étoient posés; mais Cérinthe cherchoit encore des associés à qui il pût se fier sans réserve, et qui fussent doués des rares talens qu'il désiroit chez ses agens immédiats. Comme il me faisoit l'honneur de penser fort avantageusement des miens, il n'oublia rien pour me persuader d'abandonner tout autre projet, toute autre liaison, et de lui consacrer les avantages que m'attribuoit sa partialité fraternelle. Il répondit à toutes mes questions, dissipa tous mes doutes, me développa tous ses moyens, et me démontra sans replique que son plan n'étoit point inexécutable. Mais mon heure n'étoit pas encore venue. J'étois encore très-attachée à Mamilia, ou, pour parler franchement, à tout ce que notre intimité m'offroit d'agréable et d'utile. Cérinthe lui-même en trouva les avantages assez importans pour sacrifier,

quoique à regret, ses prétentions sur moi,
à la réflexion que je lui serois peut-être
plus utile dans la position où j'étois. Pendant que nous débattions cette affaire
avec beaucoup de chaleur, l'image de
mon cher fugitif se présenta à mon esprit.
Sois tranquille, mon frère, lui dis-je
avec une sorte d'inspiration ; j'ai trouvé
quelqu'un qui te dédommagera avec
usure du renversement de tes espérances ;
c'est un jeune homme assorti à tes vues ,
comme si la nature et le destin l'eussent
formé tout exprès. Alors, mon cher Peregrinus, je lui racontai ce que je savois
de ton histoire, et tu devines aisément
si je lui inspirai le desir d'attirer le plutôt
possible dans son parti un enthousiaste
aussi extraordinaire, aussi aimable et
aussi décidé. Nous réfléchîmes sur la route
que tu pouvois avoir prise depuis ton évasion d'Halicarnasse, et comme je ne
doutois pas que tu revinsses par Smyrne ,
Cérinthe résolut de s'y rendre sans délai ,
et de prendre en attendant, à l'aide de
ses amis, des informations dans tous les
lieux où il étoit vraisemblable que tu
avois passé. Quelque temps après, j'eus
connoissance de l'heureuse issue du plan

que mon frère s'étoit tracé, et il me remercia vivement de l'avoir mis à portée de faire une acquisition dont il se promettoit les plus grands avantages.

Théoclée continua le récit de ses aventures jusqu'au moment de notre réunion autant qu'elle le crut nécessaire pour me convaincre qu'elle s'étoit opérée tout naturellement. La belle Mamilia s'étoit lassée de vivre dans ce canton de l'Asie mineure, et Théoclée l'avoit d'abord suivie aux bains célèbres de Daphné, non loin d'Antioche, puis à Alexandrie, de là en Italie, où la voluptueuse Romaine avoit choisi pour sa résidence habituelle une belle maison de campagne qu'elle possédoit aux environs de Bayes. Là, entrainée par l'exemple des nouvelles connoissances qui l'enveloppèrent dans leur tourbillon, elle se livra avec si peu de modération à des excès de tout genre, que son amie, plus délicate dans ses goûts, ne put lui tenir compagnie plus longtemps. Elles se séparèrent, et Théoclée qui envisageoit dans le rôle qu'elle pouvoit remplir auprès de Cérinthe, un nouveau genre d'activité plus analogue à ses talens et à son âge, ne tarda plus à s'unir à lui. Un intervalle assez court lui suffit pour acquérir les connoissances requises, et après s'être fait initier dans les plus secrets mystères de son ordre, elle seconda l'extension de sa théocratie avec autant de zèle que de succès. Cette union avec Cérinthe suivit de près l'époque où je venois de le quitter pour la première fois, afin de remplir ma mission sur les côtes de Syrie. Un des premiers soins de Théoclée fut, comme de raison, de demander de mes nouvelles à son frère. Elle apprit non-seulement tout ce que j'avois fait pour son entreprise; mais encore que Cérinthe, bien loin de me juger digne de son intime confiance, m'avoit simplement considéré jusqu'alors comme un instrument de ses projets, dont il falloit mettre l'enthousiasme à profit, sans jamais lui laisser pressentir qu'il prenoit les moyens pour le but. Je ne m'accoutumai point, ajouta Théoclée avec toute la chaleur de notre ancien attachement, à l'idée de voir un homme tel que toi si dégradé dans l'esprit de mon frère. Nous disputâmes long-temps sur ce chapitre; mais quelque chose que je pusse alléguer en ta faveur, je n'ébranlois point son opinion. Il la fondoit, comme je ne saurois te le dissimuler, sur des observations et des maximes qui devoient nécessairement inspirer de la circonspection à une tête froide et moins partiale que la mienne. En un mot, Cérinthe paroît persuadé que tu peux être infiniment plus utile à ses vues, comme apôtre et même comme martyr, que s'il te dévoiloit ses secrets; mais, avec sa permission, j'ai meilleure opinion de toi, et j'espère ne courir aucun risque à le trahir en quelque sorte pour obliger un ami de vieille date. Dans le fait, je n'ai pas vu d'autre moyen de te sauver aujourd'hui et de te mettre en sûreté pour l'avenir. Non, mon cher Peregrinus, il ne faut pas que tu sois victime d'un zèle enthousiaste. Si Cérinthe a besoin de martyrs, il peut en chercher auxquels je m'intéresse moins. Au surplus, tu connois ma façon de penser. Il est doux de s'abandonner quelquefois à un enthousiasme innocent et passager, de même qu'une légère ivresse est parfois agréable et sans inconvénient ; mais passer toute sa vie dans l'enthousiasme, et se rendre par-là l'instrument aveugle des projets d'autrui, c'est traîner une existence aussi ingrate que méprisable. On gagne toujours à connoître la vérité, même lorsqu'elle nous enlève les plus flatteuses illusions. Le peu de succès que j'obtins lorsqu'il y a sept ans je te prêchai cette philosophie, m'auroit presque détournée de faire une nouvelle tentative. Mais cette fois-ci, cher Peregrinus, tu as si peu de chose à perdre au soin que je prends de te désabuser, et d'un autre côté, l'avantage de voir clair dans ces secrets est si considérable, que sans trop présumer de ta prudence où de la mienne, je me flatte de t'amener à penser comme moi avant de sortir d'ici.

Elle m'offrit alors le tableau détaillé de la situation où son frère avoit trouvé les affaires des Chrétiens, et du plan qu'il avoit conçu pour les affermir sans que l'on y prît garde, et pour atteindre ainsi le but le plus noble que l'on se fût jamais proposé en faveur de l'espèce humaine. Elle employa toute son éloquence à me convaincre de la réalité de ce but, et de la possibilité de l'atteindre, ainsi que de l'innocence et de l'infaillibilité des moyens que Cérinthe avoit combinés afin d'y parvenir. Par exemple, ajouta-t-elle en riant, les sublimes manifestations du monde invisible que tu as prises au pied de la lettre avec la simplicité d'un enfant, ne me paroissent ni plus ni moins que la poésie la plus innocente. Ce sont des images dont on revêt de grandes vérités pour les rendre palpables, et susceptibles d'agir sur l'esprit de la plupart des hommes à qui elles seroient inintelligibles dans leur pureté native ; ou c'est une manière de faire tomber sous les sens des objets relevés, qui autrement n'échaufferoient point l'indolence des hommes sensuels, et qui embrâsent leur ame et mettent toutes leurs forces en mouvement, dès qu'on les leur présente comme des moyens de remplir leurs vœux les plus chers. La nature elle-même n'est-elle pas la première et la plus savante des magiciennes ? Ne nous trompe-t-elle pas, tous tant que nous sommes, à l'aide de l'imagination et des passions ? et malgré cette imposture, l'imagination et les passions, guidées par la raison, ne sont - elles pas des ressorts dont la vie humaine ne sauroit se passer ? Quelle justice y auroit-il donc à reprocher à un législateur, à un fondateur de religion, à un de ces héros de l'humanité , qui sont nés pour faire du bien à tout l'Univers , de se servir , pour faciliter et généraliser leurs bien-faits , des moyens que la nature même a placés en nous à cette intention ? Je ne voudrois pas soutenir que Cérinthe con-noisse mieux le monde invisible que nous deux ou que tout autre individu ; mais s'il existe des êtres d'un ordre supérieur qui s'occupent de la félicité des hommes , aucun d'entr'eux n'auroit pu souffler dans l'ame d'un mortel une pensée plus géné-reuse , plus divine , que celle d'affranchir ses semblables de toute espèce de tyran-nie , des préjugés et des passions , de la superstition et du despotisme , des Cé-sars et des prêtres , ce qui est en dernier résultat , le but de la théocratie de Cé-rinthe. Quels objets mériteroient ces hautes dénominations de royaume des cieux , d'empire de la lumière , si une telle liberté n'en étoit pas digne ? Mais , diras-tu , les influences des esprits , tous ces mystères sacrés dont Cérinthe fait usage pour charmer l'imagination des en-thousiastes , sont donc des mots vuides de sens ? Pourroit-il s'acheminer vers son magnifique but autrement que par un étalage supposé de forces invisibles et de secrette intelligence avec des moteurs surnaturels ? La partie enthousiaste et mystique de la doctrine et des pratiques religieuses qu'il a données à ses partisans, est d'autant plus indispensable, qu'il ne sauroit cacher avec trop de soin son véritable plan à ceux contre lesquels il est dirigé. Les prosélytes de Cérinthe, si leurs notions étoient parfaitement claires, ne sauroient ni apprécier la valeur des biens qui leur sont destinés, ni comprendre que le chemin par où on les conduit est le plus droit et le plus sûr. Les oppresseurs de tout genre qui ont d'abord regardé la foi des Chrétiens comme une innocente frénésie, employeroient les moyens les plus violens pour extirper leur doctrine, dès qu'ils sauroient que le royaume de la liberté et du bonheur, dont la création nous occupe, ne peut être formé que des ruines du leur.

Théoclée me connoissoit si bien qu'elle croyoit avoir tout gagné si elle réussissoit à m'ôter l'odieux soupçon que j'étois dupe, à vaincre la répugnance naturelle que j'avois à duper les autres, enfin à me persuader que cette imposture ne ré-

sidoit pas dans les choses même , mais
seulement dans les formes, ou plutôt dans
les voiles dont la vérité a besoin pour attirer plus d'amans , et se soustraire plus
aisément aux persécutions de ses ennemis.
La vraisemblance de ses principes , fortifiée par l'éloquence de ses regards , et par
le charme répandu dans sa voix et dans
toute sa personne, triompha de moi pour
l'instant. Elle crut m'avoir persuadé , et
jouit d'avance de la victoire que ma conversion lui ménageoit sur l'incrédulité de
son frère. Elle me déclara pour lors que
le Gouverneur de Syrie étoit un de ses
amis les plus chauds, sans me dissimuler
les droits qu'elle avoit acquis à sa reconnoissance pendant son séjour à Daphné.
Elle ajouta que tout étoit disposé pour
ma délivrance; que le lendemain matin
elle me seroit annoncée par le Gouverneur lui-même , à qui elle avoit fait croire
que j'étois son proche parent, et, sauf un
penchant à l'enthousiasme qui ne nuisoit
qu'à moi seul, un philosophe recomman-
dable par des talens supérieurs et digne
à tous égards que l'on excusât la trop
grande chaleur de mon imagination. Elle
me traça la conduite que je devois tenir

avec ce Satrape romain, et après qu'elle m'eût dit où elle espéroit me trouver qnand je serois libre, nous nous séparâmes comme les meilleurs amis qu'il y eût au monde.

A peine fus-je rendu à ma solitude, que je devins semblable à un homme qui auroit cru passer la nuit avec la plus séduisante des Nymphes, et qui, à son réveil, se verroit dans les bras desséchés d'une vieille sorcière de Thessalie. Le vaste plan de Cérinthe m'auroit peut-être fait illusion, si, lorsque je le croyois encore le premier des mortels, lui-même m'en eût donné la clef avec cet enthousiasme d'un sage qui n'a en vue que le bien général de l'humanité ; mais à cette heure, où je le voyois dirigé par un charlatan et par une comédienne, il ne me parut qu'un filet trompeur, où il m'avoit pris, ainsi que mille autres bonnes gens, pour faire de nous des instrumens, et au besoin des victimes de son ambîtion et de sa cupidité. Il me fut impossible de prêter de nobles vûes à l'audacieux qui se servoit de tout ce qu'il y avoit à mes yeux de plus saint et de plus respectable, comme de machines, de décorations et de masques

pour

pour l'exécution d'un projet politique. Rien au monde n'auroit pu me décider à faire cause commune avec le ci-devant chef d'une troupe ambulante de prêtres d'Isis, quand bien même j'aurois été sûr, en aussi peu d'années qu'Alexandre en employa pour ses conquêtes, de voir le trône de notre théocratie mensongère érigé dans la capitale du monde, et d'être le second après Cérinthe dans cette monarchie universelle.

D'après ces dispositions, je ne délibérai pas long-temps sur l'usage que je ferois de la liberté qui alloit m'être rendue. Dès que mon illusion fut dissipée, je crus ne pouvoir fuir assez tôt les objets d'un amour si mal payé. Ils m'inspiroient alors autant de répugnance qu'ils m'avoient séduit auparavant. Mais mon imagination ne me fournit aucun expédient pour me débarrasser honnêtement de Théoclée, que j'étois obligé de revoir. Je connoissois trop bien la foiblesse de mon cœur et l'ascendant magique de ses discours, de ses caresses, des larmes qu'elle avoit à son commandement, pour songer à lui faire part de ma résolution, et de ses motifs, avant d'être sorti du cercle où elle

me gouvernoit à son gré. C'étoit là l'unique difficulté que j'eusse peine à vaincre.
Je ne fus pas retenu un seul instant par
le souvenir des sommes considérables qui
avoient coulé de mon patrimoine dans la
caisse fraternelle de Cérinthe et d'Hégésias, et que Théoclée n'avoit pas manqué
de faire valoir à mes yeux, quoiqu'elle
ne les eût mentionnées qu'en passant.
Comment une semblable perte auroit-elle
pu chagriner celui qui auroit cru payer à
bon marché l'accomplissement d'un seul
de ses désirs enthousiastes, au prix de
tous les trésors de l'Inde, et qui, après
s'être vu renversé, pour la seconde fois,
du sommet de ses plus belles espérances,
n'avoit plus rien à perdre qui méritât
d'être regretté ?

Tout réussit comme Théoclée m'en
avoit prévenu. On me conduisit le lendemain matin devant le Gouverneur ; mais
je le trouvai assailli d'un si grand nombre
de gens qui avoient à lui parler, ou qui
attendoient ses ordres, qu'il parut n'a-
voir ni le temps ni l'envie de me ménager l'occasion de lui adresser une haran-
gue que je méditois en faveur des Chrétiens. Il se contenta de me faire deux ou
trois questions, et probablement mes ré-

ponses le confirmèrent dans l'idée que
son amie lui avoit donnée de moi. Il accompagna ses répliques d'un sourire, où
se peignoit l'ironie, et il ordonna que je
fusse mis en liberté sur-le-champ, comme
quelqu'un dont l'État et la tranquillité
publique n'avoient rien à redouter. Il ne
mit qu'une seule condition à cette grace,
ce fut que j'abandonnerois sans retard la
province de Syrie, et que je me garderois
de fréquenter des assemblées illicites de
quelque nature qu'elles pussent être. Il
ne fut pas parlé de l'accusation intentée
contre moi par mes parens au sujet de
l'emploi inconsidéré de mon patrimoine.
Sans doute la prévoyante Théoclée, qui
avoit mis en commun avec son frère le
gain et la perte, avoit eu l'art d'arranger
en secret cet article avec le Gouverneur.
On fit savoir à mes bons amis de Parium
qu'a rès les perquisitions les plus exactes,
on n'avoit trouvé aucun motif de me priver du droit de disposer de ma fortune, qui
m'étoit acquis par mon âge et garanti par
les lois, et ils furent obligés de s'en tenir
à cette déclaration. Ainsi se termina cette
affaire, où la philosophie du Gouverneur
ne contribua pas autant à ma délivrance

que l'inconnu d'Elis essaya de le persuader.

La joie que Théoclée fit éclater en me voyant faillit renverser mon projet. Un seul expédient s'offrit à moi pour concilier mes véritables dispositions et le personnage que j'avois à remplir : ce fut de m'abandonner sans réserve à l'impression que faisoit toujours sur moi la présence de cette femme extraordinaire, et d'éloigner de nous deux, autant qu'il seroit en mon pouvoir, le souvenir de ses confidences. Cependant il étoit impossible de cacher à des yeux aussi pénétrans que les siens la violence intérieure que j'étois obligé de me faire pour paroître plus tranquille et plus gai que je ne l'étois réellement. Elle me laissa voir de temps-en-temps de l'inquiétude à cet égard, et dans l'urgente nécessité de la tranquilliser par un mensonge, je voulus au moins employer celui qui se rapprochoit le plus de la vérité, ou plutôt qui étoit une demi-vérité. Je lui donnai à entendre qu'il y avoit de la cruauté de sa part à ne point remarquer les soupirs que je laissois échapper sans le vouloir, pour me dédommager de la contrainte dont elle m'avoit fait un devoir la nuit précédente. Elle répondit à cet aveu par une conduite qui me donnoit l'espérance d'obtenir de son amour ce qu'en effet il étoit mal-aisé d'obtenir autrement d'une femme comme elle, si je commençois par me rendre plus digne de sa confiance. Cette tournure que prit notre conversation rappella insensiblement d'anciens souvenirs ; insensiblement je m'échauffai de plus en plus, et les choses en vinrent au point que si Théoclée avoit eu le moindre pressentiment du danger qu'elle couroit d'être quittée par moi ; il n'auroit tenu qu'à elle de m'amener jusqu'à l'aveu de mes perfides desseins, et d'en prévenir le retour au moins pour long-temps ; mais elle étoit à cet égard dans la sécurité la plus profonde ; et comme elle employoit toute son attention et toute son adresse à prévenir de son mieux le seul péril dont elle se crut menacée dans notre nouvelle situation, j'échappai heureusement à celui où ma résolution auroit échoué. Dans ces momens de tendresse, où mon ame se fondoit au souvenir des jours d'inexprimable volupté, qui ne m'avoient semblé que des heures dans la solitude ravissante

de Mamilia, je n'aurois pas eu le
front de lui dissimuler ou de lui nier quelque chose, si elle avoit pu lire dans mon
intérieur. Mais se défiant peut-être de
son propre cœur, elle parut n'avoir rien
de plus empressé que d'écarter ces charmans souvenirs, et m'engagea à sa
manière dans une suite de questions qui
lui donnèrent lieu de me raconter en
détail ce qui lui étoit arrivé depuis notre
séparation. Ce récit fortifia singulière-
ment ma fermeté chancelante, en ce
qu'elle me donna sur l'intérieur de son
ame des lumières propres à confirmer ce
que j'avois anciennement découvert, savoir qu'elle étoit trop consommée dans
l'art des Mimes, pour qu'un homme tel
que moi dût jamais se flatter de démêler
avec quelque certitude ce qui, chez elle,
appartenoit à la nature ou à l'art.

Comme il m'étoit enjoint de quitter
Antioche le même jour, et que Théoclée
avoit fait tous les préparatifs nécessaires
pour mon voyage, nous retournâmes auprès de son frère qui l'attendoit à Da-
mas. Elle se trouva si fatiguée à la troisième couchée, qu'à peine arrivée dans
l'hôtellerie, elle se livra au sommeil, et

me donna ainsi le temps d'exécuter mon projet d'évasion. Heureusement nous nous étions un peu querellés la veille sur ce que je nommois son hypocrisie, et j'avois mis assez de chaleur à cette dispute, pour que la fuite me devînt moins sensible que je ne l'espérois. Nous étions à peu de distance de Gabaia, dans la maison d'une Chrétienne veuve et âgée, qui vivoit du revenu d'un bien modique, et qui, n'ayant point d'enfans, avoit choisi pour son héritier éventuel l'homme de Dieu Cérinthe, ou, si on l'aime mieux, la caisse philantropique dont il étoit dépositaire. Ainsi je laissois en bonnes mains sœur Théoclée ; je crus devoir cependant lui abandonner les deux tiers d'une somme assez considérable en or qu'elle m'avoit remise à notre départ d'Antioche, quoique, sans charger ma conscience, j'eusse été fondé à garder le tout comme un foible dédommagement de la riche offrande que j'avois versée dans le trésor commun. Ma fuite n'éprouva pas le plus léger obstacle. Je laissai une lettre pour Théoclée ; je lui disois que ses explications sur le secret de l'ordre auquel m'avoient lié ma foiblesse et mon imprévoyance, me fai-

soient une loi de rompre toute commu_
nauté avec cet ordre et avec ses chefs ;
qu'au surplus, je renonçois de bon cœur
et volontairement à toute prétention sur
les sommes qu'Hégésias et Cérinthe
avoient reçues de moi, ou perçues en
mon nom ; que j'espérois en retour qu'ils
voudroient bien, par égard pour une ran_
çon aussi forte, me dispenser de tous les
devoirs auxquels je m'étois soumis en
entrant dans leur société, et qu'il m'étoit
moralement impossible de remplir dé_
sormais. Du reste, ajoutois-je, la con_
noissance qu'elle avoit de mon cœur lui
garantissoit qu'aucun d'eux n'auroit ja_
mais rien à craindre de ma part qui fût
capable de leur nuire.

Quand toute la maison fut endormie,
je m'évadai par une fenêtre qui donnoit
sur le jardin, plus aisément que je ne
m'étois jadis évadé de la chambre de
Callippe ; je courus toute la nuit, animé
par le sentiment de ma délivrance et par
l'idée flatteuse de la facilité avec laquelle
je faisois de pareils sacrifices à la vertu.
Je me trouvai au point du jour sur le bord
de la mer ; je me fis conduire à Laodicée
dans une barque de pêcheur, et je passai

deux jours à réfléchir sur ma position, et sur le parti que j'avois à prendre.

Ni la perte de la plus grande partie de ma fortune, ni le regret d'être séparé de Théoclée, de Cérinthe et des Chrétiens, ne répandirent la moindre amertume sur le plaisir que je sentois de me retrouver libre. C'étoit une des singularités de mon caractère, que les objets qui avoient captivé toutes les facultés de mon ame sous le point de vue magique où ils m'étoient apparus, n'avoient besoin que d'être éloignés de mes yeux, dès que j'avois reconnu leur prestige, pour s'effacer de ma mémoire, comme si tout ce qui s'étoit passé entr'eux et moi n'eût été qu'un songe. Je me détachai de Cérinthe et de ses disciples, après que l'orage du premier moment se fut appaisé, sans qu'il en coûtât la moindre chose à mon cœur, et comme d'une société d'imposteurs et de dupes, avec qui je ne pouvois plus correspondre, sans repentir ou sans honte ; tranquillisé d'ailleurs par la certitude d'avoir suivi les impulsions les plus nobles, en m'associant avec eux, et d'avoir tout sacrifié à la bonne cause, aussi longtemps que je les en avois crus les apôtres.

Une autre image occupoit ma pensée. J'en avois été distrait par la multitude d'objets qui, agissant sur moi d'une manière immédiate, avoient captivé toute mon attention ; mais dans la profonde solitude où je me voyois replongé, elle s'offrit tout d'un coup à mes regards comme une vision céleste, embellie par les charmes du contraste. Cette image étoit celle de l'innocente et bonne famille de Chrétiens, au sein de laquelle Hégésias m'avoit introduit. Mon imagination saisit avec transport cette planche dans le naufrage de toutes mes espérances et de tous mes vœux. Je pris sur-le-champ mon parti ; je possédois encore l'héritage de mon grand-père, c'est-à-dire, sa maison de campagne voisine de Parium. Ce fonds étoit une bagatelle auprès de ce qu'avoit absorbé la caisse de Cérinthe ; mais il étoit plus que suffisant pour contenter un homme modéré dans ses désirs. Je résolus de m'embarquer sur le premier vaisseau qui feroit voile pour l'île de Rhodes ou pour celle de Chypre, de reprendre de là le chemin de ma patrie, de vendre les débris de ma fortune, d'aller ensuite me réunir, s'il étoit possible, à ce

petit troupeau de vrais disciples de notre
bon maître , et , dans l'innocence du Paradis terrestre , dans l'éloignement ab-
solu du monde , ne formant qu'un corps
et qu'une ame avec ces créatures angéliques , jouissant de la vie présente à l'abri
de toute corruption , et attendant sans
trouble la vie future , de participer à cette
sublime Eudémonie , d'atteindre à ce
divin accomplissement de mes vœux intérieurs, auxquels j'aspirois depuis si long-
temps.

J'avois l'imagination tellement exaltée
que je mettois les bonnes ames sur qui je
fondois ces magnifiques espérances dans
l'impossibilité de les réaliser , quand
même elles en auroient eu la meilleure
envie ; mais cette fois le destin , ou
l'irrésolution de mon esprit , car je
n'ose en faire honneur à ma raison ,
ne me laissa pas aller jusqu'au bout. La
rencontre inopinée d'un ami que je n'a-
vois pas assez cultivé , changea le point
de vue sous lequel j'étois accoutumé
d'envisager ces objets , et le sort acheva
ce qu'il avoit commencé. Pendant que
j'attendois à Lindus une voiture qui devoit me transporter à Mitylène , je trouvai

sous un portique un homme qui parut aussi frappé d'étonnement à mon aspect que je le fus au sien. Nous nous reconnûmes à notre satisfaction mutuelle. C'étoit Denys de Sinope, le même dont je m'étois séparé avec tant de regret en partant pour mon apostolat de Syrie. Le hasard seul, qui nous réunissoit à Lindus, sembloit annoncer que nous aurions des choses intéressantes à nous dire. Denys me conta qu'une succession l'avoit attiré depuis peu dans cette ville ; et que séduit par ses agrémens, il avoit eu la tentation d'y terminer ses voyages. Et par quel art, lui demandai-je avec précipitation, as-tu réussi à sauver ta personne et ton héritage des griffes du prophète Cérinthe ? Cette question, répondit-il, m'apprend beaucoup en peu de mots ; mais cherchons un endroit plus commode pour nous entretenir. Il me conduisit aussitôt dans sa demeure, et me força d'accepter l'hospitalité chez lui. J'ai déjà dit que ce jeune homme avoit la clef de mon cœur et de ma tête. On auroit eu peine à trouver dans le monde entier un être qui fût plus exactement mon antipode, en ce qui regarde l'enthousiasme, et qui, dans tout le reste,

eût

eût sympatisé davantage avec moi.
Ainsi, en peu d'heures, la confiance s'établit entre nous au point que nous n'eûmes plus de secrets l'un pour l'autre. Denys commença par me donner des éclaircissemens sur son ancienne liaison avec Cérinthe.

Le hasard, dit-il, nous fit faire connoissance. Je lui trouvai de la profondeur, et tout ce que j'apperçus de lui excita mon attention. Il parut en revanche me considérer comme un individu qui n'étoit pas indigne de la sienne. Nous nous rapprochâmes sans dessein, mais avec tant de circonspection des deux côtés, que j'ignorai long-temps ce que je devois penser de lui. Nous voyageâmes de compagnie durant quelques jours. Insensiblement la conservation s'engagea sur tout ce qui intéresse des gens bien élevés. Nous parlâmes politique, philosophie, religion. Cérinthe discourut sur toutes ces matières en homme d'un grand sens, qui avoit des principes arrêtés, mais toujours de manière à faire soupçonner qu'il en disoit moins qu'il n'en auroit pu dire. Je crus remarquer en lui quelque chose de mystérieux ; mais il avoit l'air de le cacher , en même-temps qu'il désiroit que l'on s'en apperçut. Ceci me parut dirigé contre moi , et me rendit encore plus circonspect. J'étois fermement résolu de ne pas me laisser circonvenir. A l'entendre , le monde touchoit au moment d'une grande révolution ; cette époque étoit plus prochaine qu'on ne le pensoit. Les idées et les opinions des hommes avoient subi un changement trop considérable pour que les vieilles colonnes qui soutenoient depuis quelques milliers d'années le monde politique et le monde moral pussent résister plus long-temps ; un nouvel ordre de choses , fondé sur la dignité des hommes et sur leur destination , étoit nécessaire pour prévenir les suites effroyables de l'entière dissolution de l'ordre actuel. Voilà tout ce que je découvrois de sa façon de penser , et l'article sur lequel il s'ouvroit le plus volontiers. J'en concluois de temps en temps qu'il étoit peut-être Chrétien ; mais il affectoit si peu l'air inspiré , il parloit de tous les sujets avec un ton si simple , tirant ses raisonnemens de la nature des choses et de l'analogie sensible des causes et des

effets , que je finissois toujours par être
tenté de le prendre uniquement pour un
philosophe , quoiqu'il déclamât avec
beaucoup de chaleur contre notre philosophie de sectes. Se peut-il , m'écriai-je
en interrompant mon ami , que tu me
parles du même homme qui m'apparut à
Smyrne comme une espèce de Génie, qui
lut au fond de mon ame , s'empara d'elle
avec une sorte d'ascendant magique , et
me laissa dans l'incertitude de savoir si
je verrois en lui un nouveau Zoroastre ou
un Dieu ?

Tu sais , continua Denys , que cet
homme possède le rare talent de servir
chacun à sa guise , talent au moyen duquel un des premiers chefs de sa secte
a tant contribué à l'étendre. Il jouoit le
prophète avec toi , avec moi le sage , le
philantrope , le cosmopolite indépendant,
également bien disposé envers tous ses
semblables , dont le cœur étoit toujours
soumis aux loix rigoureuses de la raison ,
et dirigé par une tête froide , lors même
que par zèle pour les droits du genre-humain , il brûloit du désir de soulager sa
misère. Plus d'une fois , à la vérité , je
crus m'appercevoir qu'en parlant de la

nécessité d'une réunion des efforts de tous les hommes bien intentionnés pour le bonheur du monde , il avoit l'air de se passionner exprès , afin de voir l'effet que son enthousiasme produiroit sur moi ; mais comme je conservois mon sang-froid dans toutes ces occasions ; comme il ne m'échappoit que des monosyllabes , Cérinthe reprenoit tout doucement son flegme accoutumé , sans que la moindre trace du regret qui suit une espérance frustrée se fît remarquer dans sa conduite. Les choses demeurèrent sur ce pied jusqu'au moment de notre séparation. Ce moment prouva que nous nous étions mutuellement inspiré assez d'intérêt pour souhaiter de nous connoître mieux. N'ayant dans mes voyages aucun but particulier que je ne pusse suivre en tel lieu plutôt qu'en tel autre , j'offris à Cérinthe de l'accompagner à Iconium , où il se proposoit d'aller. Cette offre parut lui plaire , et il l'accepta. Chemin faisant, nous nous arrêtames deux ou trois fois dans des maisons où il avoit le droit d'hospitalité. Il m'y présenta comme un compagnon de voyage pour lequel il avoit beaucoup d'estime. Je fis connoissance de cette manière avec quelques fa-

milles qui me parurent composées d'une
classe aimable d'individus. Toutes me témoignèrent une complaisance infinie. Je
démêlai cependant que ma présence leur
causoit une sorte de gêne qu'elles s'efforçoient de cacher. Enfin, lorsque nous
n'étions plus qu'à une demi-journée d'I-
conium, Cérinthe fit insensiblement tomber la conversation sur les Chrétiens ;
mais avant tout, il voulut sonder le gué,
selon sa coutume. Je m'ouvris sans répugnance. Je connoissois imparfaitement
cette secte ; mais je ne pouvois me persuader qu'elle fût composée d'hommes aussi
pervers et aussi dangereux que le pu-
blioient ses ennemis. Il me paroît, dit-il
en riant, que tu n'as pas encore vu un seul
Chrétien. Jamais, que je sache, telle fut
ma réponse. Mais peut-être, reprit-il,
en as-tu fréquenté beaucoup sans le savoir.
— Comment cela ? — Tu as joui trois fois
de l'hospitalité chez des Chrétiens dans le
cours de notre voyage. Je lui lançai un
regard qu'il eut l'air de comprendre. Et
je suis certain, continua-t-il, que mille
fois tu as conversé ou fait des affaires
avec des Chrétiens, sans les regarder
comme tels. Je puis au moins te garan-

tir que s'il se présente à toi dans le commerce de la vie un homme franc, paisible et rempli de bienveillance, ayant une
réputation intacte et des mœurs irréprochables, tu peux gager trois contre un que
c'est un Chrétien. Tu m'inspires, repliquai-je, la curiosité de savoir ce qui les
rend si parfaits ; et comme, à ce que je
vois, tu es de leur nombre, et probablement distingué parmi eux, je ne puis
mieux m'adresser qu'à toi pour satisfaire
ce désir. Cérinthe répondit à ce compliment avec autant de modestie que de politesse. Il me dit que les Chrétiens avoient
aussi leurs mystères, dont la révélation
étoit attachée à des conditions moins dures il est vrai, mais au fond bien plus rigoureuses que celles dont les mystères
d'Eleusis et autres semblables étoient
accompagnés. Je lui répondis que j'étois
disposé à tout, ne pouvant rien appréhen-
der d'un homme tel que lui, qui dût
offenser mon cœur ou ma raison. Il fut
donc convenu que je serois admis, en
arrivant, aux préliminaires du premier
grade de l'initiation.

J'obtins ce grade au bout de quelques
semaines ; mais j'en demeurai là, et je ne

puis me vanter d'avoir franchi le seuil du sanctuaire intérieur. En effet, j'eus beau donner de temps en temps de bonnes espérances ; il parut que je n'étois propre à servir ni comme missionnaire, ni comme martyr, ni comme agent secret dans le royaume de Cérinthe, que je distinguois à merveille d'un autre royaume dont on me racontoit de fort belles choses. D'un autre côté je tenois les cordons de ma bourse très-serrés ; je ne voulois ni comprendre ni me faire expliquer ce qu'on me prêchoit quelquefois sur le mépris des biens terrestres, sur les besoins du Seigneur, sur les fruits multipliés des sacrifices dont il étoit l'objet, et autres contes de la même force. Je reconnus assez clairement au bout de quelques mois que l'on commençoit à désespérer de ma vocation. Suivant les apparences Cérinthe attendoit beaucoup de la réserve et du silence qu'il avoit toujours gardés avec moi. Cependant il y avoit eu des momens où ma curiosité avoit pris la teinte de l'intérêt, et dans ces momens il avoit jetté dans mon esprit des traits de lumière, dont la réunion m'avoit suggéré des conjectures très-vraisemblables sur son plan secret.

Plus je croyois le deviner, plus je me
confirmois dans l'opinion que s'il eût été
le maître d'arriver à ses fins sur les traces
de César et d'Alexandre, il ne se fût pas
réduit à jouer parmi les Chrétiens le rôle
de mystagogue.

Je pouvois à cet égard fournir à Denys
des renseignemens très-authentiques. Pour
y répandre plus de clarté, je me vis forcé
de lui raconter mon histoire *ab ovo*. Elle
dut sembler assez étrange à cet ennemi
déclaré de toute espèce d'enthousiasme.
J'observai cependant que de toutes les
choses extraordinaires qu'elle lui fit connoître, je fus à ses yeux la plus surpre-
nante. Il parut concevoir sans peine comment l'on pouvoit être une Mamilia, une
Théoclée, un Cérinthe ou un Hégésias;
mais que l'on put être un Peregrinus,
cela passoit son intelligence, quoiqu'il
eût la politesse de ne pas me le dire expressément. Toutefois comme il ne pouvoit s'empêcher de prendre intérêt à ma
personne, il trouva, lorsque j'eus terminé
mon récit, que de telles expériences
avoient été nécessaires pour ramener
pleinement à la raison un homme de ma

trempe. Mais il tomba de son haut en apprenant qu'il s'étoit trop hâté de célébrer ma guérison, et que bien loin d'avoir trouvé le vrai talisman contre tous les charmes de mon mauvais Génie, j'étois toujours le même enthousiaste qui croyoit seulement s'être trompé quant à l'individu, et qui projettoit de se lancer dans une nouvelle carrière, où il y avoit dix à parier contre un qu'elle n'auroit point une heureuse issue. Pour moi, depuis que l'image de mes chers Johannites s'étoit retracée à ma mémoire, j'avois tant approfondi la pensée d'habiter avec eux, que je ne concevois pas comment le plus judicieux des hommes refusoit son suffrage à un projet aussi raisonnable et aussi naturel. Cela doit venir, me dis-je à moi-même, de ce que tu as passé trop légèrement sur cette partie de tes aventures en les racontant à Denys. Il ne se fait pas d'idée du rapport qui subsiste entre les anges et ces créatures innocentes. J'appellai donc à mon aide tout le talent que je possédois pour la description, afin de lui tracer le tableau de cette famille et du bonheur qui m'attendoit dans

son sein ; mais ce tableau produisit jus-
tement un effet contraire à celui que j'en
espérois.

Je devrois presque, me dit-il, me faire
un scrupule de te guérir d'une erreur si
douce, et en apparence si peu nuisible ;
mais je vois que ton cœur est toujours
maîtrisé par ton imagination ; je vois
qu'en adoptant ce nouveau plan de vie, tu
t'exposes à des dangers d'autant plus
grands que peut-être il ne te sera pas
très-facile de te soustraire au pouvoir de
ces belles ames, quand l'illusion sera
dissipée, comme tu as secoué le joug des
mendians et des joueurs de gobelets,
dont tu as été la dupe jusqu'à ce jour. Je
prévois trop clairement cette catastrophe
pour te quitter avant de t'avoir convaincu
qu'assez heureux pour être sorti du piège,
il ne te reste plus d'autre choix que de
rompre toute liaison avec les Chrétiens.

Ton malheur, continua-t-il, cher Peregrinus, est venu de ce que tu t'es sans
cesse laissé conduire en aveugle par deux
guides qui devoient nécessairement t'é-
garer. Le sentiment et l'imagination for-
ment une compagnie des plus agréables ;
mais ce sont des conducteurs dangereux

dans le labyrinthe de la vie. Tu l'as tant
de fois éprouvé qu'il est bien temps d'essayer enfin d'un guide qui ne sauroit égarer ; au lieu d'entreprendre un voyage
peut-être illusoire , charge la raison de
décider quel parti tu dois prendre. La
raison , crois-moi , est le bon Génie de
l'homme ; et l'Eudémonie à laquelle tu
aspires est une vie réglée par ses maximes , ou la terre n'offre rien qui soit digne de ce nom. Je ne veux pas examiner
maintenant, si, après avoir formé avec
Cérinthe une liaison aussi étroite, lorsque
tes facultés et ton mérite t'appelloient à
un poste éminent dans son royaume invisible ; lorsque l'amitié de Théoclée, dont
tu ne pouvois , à ce qu'il me semble ,
soupçonner ni la sincérité ni l'ardeur,
t'auroit infailliblement dévoilé ses secrets , et t'auroit donné une part immédiate aux avantages de son entreprise , je
ne veux point examiner, dis-je, si tu n'aurois pas fait plus sagement de demeurer
avec lui , et si le motif même qui te détacha de son ordre n'auroit pas dû t'engager à lui demeurer fidèle. Je pense bien
comme toi , que l'homme extraordinaire
dont les Chrétiens ont pris leur nom , et

dont ils se disent les disciples , avoit un tout autre plan que celui dont Cérinthe est occupé. A coup-sûr le royaume céleste qu'il annonçoit , le banquet auquel il voulut convier tous les hommes , après que ses vues eurent manqué à l'égard des Juifs ses compatriotes , n'étoient point une monarchie universelle , dans le sens politique. Ou je me trompe fort , ou son projet n'avoit pas plus d'affinité avec la théocratie ou la hiérarchie , à laquelle ses prétendus disciples travaillèrent depuis en secret , avec l'ambition de soumettre tôt ou tard l'Univers entier , que leur génie n'avoit de rapport avec le sien. Ce fut un enthousiaste dans l'acception la plus relevée de ce mot respectable , si souvent profané par un mélange de fanatisme et de magie ; mais sa doctrine étoit trop simple , le sens de ses paroles trop facile à saisir, la perfection qu'il recommandoit , et dont lui-même présentoit le modèle , trop pure et trop sublime pour qu'il fût jamais croyable qu'elle devînt le partage de la multitude. Qu'arriva-t-il donc, et que devoit-il arriver ? ou sa pure Théosophie , comme la sagesse et la vertu d'un Socrate , d'un Archytas , devoit se

maintenir

maintenir et se propager insensiblement dans le petit nombre d'hommes qui lui ressembloient ; ou bien, si elle paroissoit au grand jour, elle devoit acquérir une sorte de domination sur les esprits, et amener une révolution importante. Sous ce dernier point de vue, elle devoit s'amagalmer avec les idées et les passions des peuples, et par-là fournir à des mains ambitieuses, adroites et actives, le moyen d'atteindre un but différent de celui qu'il s'étoit proposé, en un mot, devenir ce que les mystères et les dogmes du christianisme sont entre les mains d'un Cérinthe et d'un Hégésias. Cependant, quelque part que l'ambition et l'intérêt puissent avoir eue à l'entreprise de ces imposteurs, il ne faut pas nier qu'il se trouve de la grandeur dans la pensée d'affranchir en même-temps le genre-humain des chaînes de la surperstition et de celles du despotisme, et de réunir tous les peuples du globe dans une seule communauté de frères, à l'aide d'une croyance qui ennoblit et purifie notre sens moral, qui nous rénd les enfans d'un même père, les possesseurs des mêmes droits, les héritiers des mêmes espéran-

ces. Il se peut que cette idée soit inexécutable dans sa perfection absolue ; mais
fallut-il des siècles pour approcher gra-
duellement de cette perfection ; fallut-il
acheter par des milliers de calamités pas-
sagères le bien qui en résulteroit pour
l'espèce humaine. il n'en est pas moins
vrai que celui qui pose la base d'une telle
révolution est le bienfaiteur de l'humanité. J'imagine que Cérinthe s'envisage
lui-même sous ce point de vue, et quoiqu'on ne puisse donner le titre d'enthousiaste à un homme qui sait si bien mettre
en jeu des machines si adroitement con-
çues ; quoique l'emploi du merveilleux et
d'une sorte de magie morale lui donne
tout l'air d'un imposteur, je ne voudrois
pourtant pas affirmer qu'il lui fût impossible, ébloui de la grandeur et de la beauté
de son plan , de se faire illusion sur les
moyens , et de regarder comme bon et
juste ce qui conduit à un but si noble. Je
me souviens de lui avoir entendu dire
quelque chose de semblable ; et si, comme
il y a lieu de le croire , les Alexandre, les
César et les Auguste avoient des momens
où une puissance intérieure , et dont ils
n'étoient pas maîtres , les forçoit de reu-

dre compte à un juge qu'ils avoient en eux-mêmes, c'étoit sans doute par de tels sophismes qu'ils tàchoient de lui imposer silence. Quoi qu'il en soit, il est toujours, suivant moi, honorable pour Cérinthe d'avoir été, à ce qu'il semble, le premier qui ait découvert, dans la croyance d'une secte aussi méprisée jusqu'à ce jour, les moyens et les instrumens nécessaires pour effectuer la plus grande de toutes les révolutions. Il est très possible qu'il échoue dans son projet; disons mieux, cela est très-vraisemblable. Il se conduit avec trop de précipitation pour quelqu'un qui veut jouir du fruit de ses travaux; le monde n'est pas mûr pour une pareille crise ; mais je suis certain que s'il ne réussit pas, d'autres mains continueront en secret l'ouvrage qu'il a commencé, et peut-être avant deux cents ans, nos neveux s'étonneront de voir une association aussi imperceptible, aussi peu remarquée dans son origine, lever tout-à coup la tête, écraser la vieille religion et la constitution de nos pères, et le monde recevoir des lois de la théocratie de Cérinthe, sous un nom différent et sous d'autres dehors, mais conforme à son esprit et à ses principes. Les choses en iront-elles mieux ? C'est ce que je n'ose décider. J'avoue pour ma part que je n'aime point ces Théocraties où l'on fait jouer à la divinité le personnage d'un Shah d'orient, tandis que des hommes, visirs ou satrapes, se servent bien ou mal de sa toute-puissance, suivant que le permettent ou l'exigent leurs facultés, leurs passions, leurs foiblesses ou leurs crimes. Je ne connois qu'une seule Théocratie contre laquelle on ne sauroit élever d'objections, parce qu'elle ne sauroit entraîner d'injustices, et qu'aucune autorité n'est capable de la restreindre ; tous tant que nous sommes, nous y faisons notre personnage, sans être instruits de la conduite ou du dénouement de la pièce ; son plan embrasse tout ce qui respire ; tout s'y maintient par des causes ignorées, pour une fin également obscure ; tout y est à-la-fois but et moyen, effet et cause, et le premier moteur demeure éternellement invisible. Dans celle-ci, mon cher Peregrinus, je suis ce que je suis, je fais ce qu'il est en mon pouvoir de faire, je souffre ce que je dois souffrir. Je m'éloigne autant qu'il est en moi de toutes les autres formes de gouvernement. Je ne me méprise point assez pour dépendre de la fantaisie d'un autre, tant que je puis être libre ; mais je ne suis ni assez orgueil-leux, ni assez vain pour vouloir dominer mes semblables. A parler franchement, l'on joint d'ordinaire à cette façon de penser une bonne dose de paresse et d'a-mour du repos, qui constitue la félicité des Dieux. Je ne prétends pas me défen-dre de cette imperfection, et elle peut servir à expliquer pourquoi je n'eus au-cun désir de m'embarquer avec l'ambi-tieux Cérinthe sur une mer d'aventures plus brillantes, plus pénibles, et peut-être plus chimériques. Toi, Peregrinus, tu n'as point d'excuses de ce genre. Ce-pendant avec quelqu'habileté que tu ayes secondé les opérations de Cérinthe et d'Hégésias, je conçois comment tu t'en dégoûtas, lorsque tu vins à reconnoître pour une momerie ce que tu prenois au sérieux. Mais, ô mon ami, toi à qui il répugne également de tromper ou d'être trompé, pourquoi voudrois-tu courir de nouveau le risque d'être dupe d'un char-latan qui réside dans ton propre sein ? les couleurs dont tu peins le bonheur qui t'attend , suivant toi , parmi les anges prétendus de la ferme des environs de Pitane , sont des couleurs magiques ; c'est un jour magique que celui dans lequel tu vois ces honnêtes créatures. Pendant un certain temps , tu te croirois transporté dans le Paradis des Orientaux ; et tu te livrerois aux plus doux sentimens avec ton idéal d'innocence et d'amour ; mais dès que l'habitude auroit fané la première fleur de la jouissance , ces anges deviendroient insensiblement des êtres pauvres et simples , avec qui tu n'aurois presque rien de commun, si ce n'est quelqu'analogie dans les affections. Tu es accoutumé depuis ta jeunesse à vivre avec des personnes d'un esprit cultivé , et la multiplicité habituelle de tes occupations ne te laisseroit pas persévérer long-temps sans ennui dans une existence machinale parmi des villageois ignorans et monotones. L'impossibilité où ils sont d'être tels que ton imagination te les représente , finiroit par te donner de l'humeur , et dans cette disposition chagrine , non-seulement ce qui te les fait chérir perdroit à tes yeux de son mérite et de ses charmes , mais tu remarquerois en eux des imperfections que tu n'aurois pas apperçues d'abord , et ton imagination prévenue les grossiroit , comme elle grossit maintenant le bon et le beau qui les distinguent. Je n'ai pas besoin de te dire quelles seroient les suites de tout cela ; mais tu ne dois pas laisser à l'avenir le soin de déterminer si tu romprois aisément , ou même si tu pourrois rompre les liens que tu aurois formés avec ces bonnes gens dans la ferveur du premier enthousiasme. Suis donc mon exemple , si mes conseils ont quelqu'empire sur toi ; et puisque tu t'es débarrassé du prophète Cérinthe, en sautant par une croisée , abjure tout commerce avec les Chrétiens. Ce que tu cherches, ami Peregrinus, n'est pas plus là qu'ici, dans telle secte , pas plus que dans telle autre. Tu l'as en toi-même , ou tu ne le rencontreras nulle part.

J'ai cru qu'il étoit nécessaire de rapporter ce discours de mon hôte dans toute son étendue , parce que ses représentations et l'ascendant que son génie prit insensiblement sur le mien pendant huit jours que je passai chez lui, opérèrent en moi une révolution qui fait époque dans mon histoire. Non-seule-

ment il réussit à me faire renoncer au
projet dont je m'étois enthousiasmé ,
mais encore il m'inspira le dessein d'aller
trouver en Egypte le philosophe Agathobule , dès que j'aurois arrrangé à Parium
mes affaires domestiques. Il me dépei-
gnit ce sage comme un excellent homme
et le modèle du vrai cynique. Son intimité devint l'objet de tous mes vœux ; je
n'aspirois plus qu'à me rendre parfait
sous ses auspices , dans le seul genre de
vie où je pouvois me flatter d'être heureux , au moyen de la connoissance de
moi-même , dont j'étois redevable à
l'expérience.

Un peu avant de nous séparer , Denys
me parla en ces termes : Si tu étois un
homme moins extraordinaire , ami Peregrinus , je t'aurois proposé de demeurer
avec moi à Lindus , et de t'associer au
petit commerce dont je m'occupe , pour
ne pas être absolument désœuvré ; mais
tu n'es pas fait pour vivre comme tout le
monde , et l'on espéreroit en vain te voir
changer de nature. Je démêle dans ton
caractère deux attributs fondamentaux
qui te vouent à des choses extraordinaires
aussi long-temps que tu respireras , et

peut-être même, ajouta-t-il en riant, lorsque tu prendras congé de ce bas-monde. Tu aspires à jouir de la vie d'une manière qui ne sauroit être l'effet que de la perfection intérieure ; et quoique la magie d'une imagination sans cesse occupée ait fait jusqu'ici couler tes jours dans un enchaînement de pures illusions, je connois peu d'hommes, je dirois presque que je n'en connois point qui aime la vérité plus passionnément que toi, et qui ait plus besoin de croire la posséder. Il n'y a, je pense, qu'un moyen de salut pour un esprit de cette trempe. Il doit s'affranchir de tous les liens de la société civile, ainsi que de tout attachement particulier ; il doit, pour se maintenir au plus haut degré d'indépendance, se renfermer dans les besoins physiques les plus indispensables, et devenir indifférent, soit aux atteintes extérieures de la douleur et du plaisir, soit au jugement des hommes, à leur suffrage ou à leur blâme, à leur respect ou à leur mépris. De cette manière il sera dans la relation la plus pure avec tout ce qui existe. Libre de la tyrannie de l'opinion et des passions, il jouira sans trouble de lui-

même ; animé d'une bienveillance sans
bornes, il se sentira dans tout, et sentira
tout dans lui ; en un mot il aura autant
de conformité avec la nature divine que
l'homme en est susceptible. Il ne me sied
guère de te recommander un genre de
vie pour lequel je n'ai ni capacité ni
penchant ; mais si tu n'es pas effrayé
des difficultés de la route qui conduit
peut-être tes pareils à cette perfection,
je suis persuadé que tu n'en peux choisir un plus raisonnable dans ta position
et pensant comme tu fais.

Ainsi l'idéal du cynisme étoit ma véritable destination. La chose étoit assez
étrange ; mais ce qui l'est encore plus,
c'est qu'elle me parut toute simple. Elle
s'amalgamoit si bien avec mes notions
les plus chères , elle s'accordoit si bien
avec les circonstances où je me trouvois,
et il m'étoit si facile de l'exécuter ! d'ailleurs ce cynisme exalté me sembla différer si peu dans les articles essentiels du
christianisme primitif, qu'il devenoit par
cela même le seul parti que je pouvois
embrasser, sans contredire mon sens intérieur. En effet, dans un entretien particulier sur le fondateur de cet institut, De-

nys n'avoit pas eu de peine à me ranger de son opinion, savoir, qu'à la réserve des choses qu'il falloit raisonnablement regarder dans son histoire comme des ornemens poëtiques, on devoit le placer sur la même ligne que les autres personnages éminens dont chaque peuple, pour ainsi dire, avoit eu le sien ; mais il y avoit quelque chose dans son caractère qui sembloit le distinguer d'eux tous, et qui me faisoit comprendre l'amour inexprimable que lui témoignèrent jusqu'à sa mort ceux qui l'avoient fréquenté pendant sa vie, par l'attachement que je lui portois sans l'avoir ni vu ni entendu. On juge que le cynisme auquel je passai aussi aisément que l'on change d'habit, avoit dans le fond une teinte passablement chrétienne, et je ne garantirois pas que ce ne fût un tour secret de mon imagination de grouper les Socrate, les Diogène et les Epictète avec un aussi bel idéal, et de les rendre plus dignes d'être un jour mes héros, par le jour qu'il réfléchissoit sur eux.

Denys, qui avoit des affaires à Mitylène, m'accompagna jusqu'à cette ville. Nous nous séparâmes comme des amis qui espéroient se revoir, et véritablement cette espérance se réalisa plus d'une fois.

En arrivant à Parium , je trouvai partout un accueil glacé. Je songeai au mépris que les habitans d'une ville de commerce devoient sentir pour un de leurs concitoyens qui avoit prodigué sans retour une grande fortune , pendant que le moindre d'entr'eux l'auroit doublée ou triplée ; et leur froideur ne me surprit nullement. Mais je ne tardai pas à m'appercevoir que mes actions étoient encore plus basses que je ne l'avois imaginé. Mes parens , que leur peu de succès auprès du gouverneur d'Antioche avoit achevé d'aigrir contre moi , avoient répandu dans le peuple , par toute sorte de moyens et de ruses secrettes , que des indices certains laissoient entrevoir du louche dans la mort subite de mon père. On dit bientôt que la chose avoit été examinée de plus près ; on parla d'un esclave à qui j'avois rendu la liberté avant mon départ de Parium , et qui avoit disparu peu de temps après ; enfin l'on se dit à l'oreille qu'il n'étoit que trop certain que j'étois le meurtrier. On en vint insensiblement à

s'entretenir

s'entretenir de cette supposition comme d'un fait incontestable, et dont la famille avoit les preuves entre les mains, et l'on nommoit déjà le jour où je devois être accusé publiquement. Alors chacun prétendit à la gloire d'en avoir deviné que que chose ; chacun avoit apperçu quelque particularité suspecte, quand mon père avoit rendu le dernier soupir, lors de ses funérailles, et en vingt autres occasions. Alors on vit clairement pourquoi je m'étois banni de Parium sans aucun motif apparent, et pourquoi j'avois couru le monde, tel qu'un parricide en proie aux Furies. Lorsque ces bruits me parvinrent, je devinai facilement de quelle source ils partoient, et ce que mes héritiers *ab intestat* comptoient gagner par ce moyen. Ils savoient très bien qu'ils n'étoient pas en état de prouver un crime dont j'étois innocent, mais ils connoissoient l'efficacité de la calomnie chez un peuple déjà indisposé contre moi ; ils croyoient aussi me connoître. Ils se flattoient que chagrin et offensé d'une semblable réception, je les autoriserois, en m'éloignant de nouveau, à débiter que la crainte de l'accusation et d'un supplice inévitable m'avoit engagé à prendre la fuite. Cela posé, ils m'auroient fait juger par contumace; et comme ils avoient beaucoup d'amis dans Parium, ils auroient facilement obtenu mon bannissement perpétuel, et la confiscation de mon bien à leur profit. A peine eus-je deviné ces arrangemens secrets, qu'il me vint tout-à-coup à l'esprit un moyen de les déjouer. Je parus à la première assemblée du peuple dans le costume d'un Cynique. Je montai à la tribune, et j'adressai à mes concitoyens un discours dans lequel je leur rendis compte de ma double absence en termes généraux. Je fis ensuite la déclaration de mes principes et du genre de vie que j'allois embrasser, et je poursuivis en ces termes: Comme à l'avenir mes besoins seront en fort petit nombre, et qu'incessamment je quitterai votre ville pour aller trouver dans Alexandrie le sage Agathobule, j'ai cru ne pouvoir faire un meilleur usage de mon toît paternel et du bien de mon grand-père, que d'en disposer par écrit en faveur de mes chers compatriotes, les habitans de Parium. L'Inconnu de Lucien, toujours exact dans les choses insignifiantes, a très-bien rendu l'effet que ce discours produisit sur les dernières classes du peuple, à qui, d'après mes arrangemens, les revenus de ce fonds devoient sur-tout appartenir. Ainsi je n'ajouterai rien à sa description. Je me trouvai à-la-fois vengé de mes parens et justifié dans l'esprit de mes concitoyens. Mais pendant que l'air retentissoit des louanges et des bénédictions prodiguées au sage et magnanime Peregrinus, je me perdis dans la foule, et j'abandonnai pour toujours Parium, avec les sentimens qu'il méritoit d'inspirer.

Une petite ferme située dans la Bithynie et quelques chétives créances de mon père que j'avois à répéter dans la Tauride, si je voulois risquer les frais de poursuite, composoient tous les débris de mon ancienne opulence. La ferme pouvoit rapporter environ cinq cents drachmes par an *. Je calculai que mon revenu, en tant que ma dépense ne s'éleveroit pas au-dessus de huit oboles par jour **, suffiroit aux besoins les plus indispensables de ma vie animale, et je me crus assez riche. Socrate avoit-il possédé davan-

* *Environ* 350 *liv. de notre monnoie.*
** *Environ* 18 *sols* 8 *den.*

tage ? Antisthène et Diogène avoient-ils
possédé autant? La malpropreté fut le
seul article où je capitulai avec le Cynisme. Je voulois au besoin avoir plus
de conformité avec les brutes par ma
nourriture, pour réserver de quoi res-
sembler aux hommes par mon extérieur.
Je me fis donc une loi de ne point éco-
nomiser l'eau, puisque je pouvois me la
procurer *gratis*, ainsi que l'air; cependant j'avoue de bonne foi que je n'aspi-
rai point à l'élégance. Je changeai le
nom de Peregrinus que j'avois porté
parmi les Chrétiens pour celui de mon
grand-père Protée, et je me disposai à
mon voyage d'Egypte. Comme je le fis à
pied, m'arrêtant par-tout où la Nature
offroit de l'aliment à mon esprit, ou de
bonnes gens à mon cœur, j'y employai
près d'un an.

Mais avant d'en venir à mon séjour
chez Agathobule, je dois éclaircir en peu
de mots ce que dit l'Inconnu d'Elis au
sujet du procès inutile et honteux qu'il
me fait soutenir devant l'Empereur contre les Pariens, relativement à ma d nation. Il y a du vrai là dedans comme dans
toutes ses anecdotes; mais ce vrai est

mêlé d'autant de faux qu'il en avoit besoin pour qu'une action très-innocente me rendît à-la-fois ridicule et méprisable aux yeux de ses auditeurs. Voici comment la chose se passa. Il s'étoit écoulé quelques années avant que ma famille apprît que j'avois sauvé ma ferme de Bithynie du naufrage de toute ma fortune. Le tour que j'avois joué à mes parens leur tenoit trop au cœur pour qu'ils n'eussent pas saisi avec empressement toutes les occasions de s'en venger. Ils instruisirent le peuple de leur découverte, et ils soutinrent que ma ferme de Bithynie étoit incontestablement comprise dans l'abandon que j'avois fait à la ville de Parium des biens qui me restoient, puisque je n'en avois rien réservé nommément, et que mes concitoyens étoient fondés non-seulement à revendiquer cette possession, mais encore à exiger de moi des indemnités pour l'usufruit que je m'en étois approprié. Les Pariens trouvèrent cela très-à-propos, et le Gouverneur de Bithynie écouta si favorablement leurs réclamations que la métairie leur fut allouée sans plus d'examen. J'étois pour lors à Alexandrie, et

B b 3

Je ne fus instruit de cet évènement que
parce qu'on ne m'envoya point mon petit
revenu ; un habitant de Smyrne, mon
ancien ami, et l'un des affranchis de mon
père, s'étoit chargé de me le faire passer
tous les ans. L'embarras où me mit le
défaut d'argent me força d'écrire aux
Pariens. Je leur représentai avec toute
l'énergie dont j'étois capable que si, par
imprévoyance, j'avois omis une clause
essentielle dans l'acte de ma donation,
ils pouvoient abuser contre moi de mon
énoncé littéral ; mais que l'équité devoit
leur faire sentir que je n'avois pu avoir
l'intention de me ravir pour leur avantage ce qui m'étoit indispensable pour
exister. Toutes mes représentations ayant
été vaines, mon ami de Smyrne, sans y
être autorisé, et par pure compassion,
s'adressa directement à l'Empereur ; mais
tout ce qu'il obtint, à force de prières et
de démarches, fut que la rigueur du
droit l'emporta, et qu'on invita le sup-
pliant à demeurer en repos.

Cette perte me contraignit à réduire
ma dépense journalière, d'abord de huit
oboles à quatre, et bientôt de quatre à
deux. Enfin les choses en vinrent à une

telle extrémité, que, ne pouvant consentir à accepter les bienfaits de personne, je résolus d'aller tous les jours sur le port gagner, par quelques heures d'un travail pénible, ce qu'il falloit pour appaiser ma faim. J'observois ce régime depuis un certain temps, et ma santé ne s'en trouvoit pas plus mal, lorsqu'un hasard tout-à-fait imprévu me fit rencontrer un négociant de Chypre, à qui j'avois prêté cinq mille drachmes *, il y avoit plus de dix ans; une affaire embarrassante lui étoit survenue dans un lieu où il ne connoissoit personne, et je lui avois fait cette avance sur la seule caution de sa physionomie, ou plutôt sans espérer qu'il me remboursât jamais. Quoique la somme ne fût pas considérable, le service n'avoit pas laissé d'être important; et comme je m'étois obstiné à lui cacher mon nom, il s'étoit obstiné en revanche à me faire promettre que s'il avoit un jour le bonheur de me retrouver, je ne refuserois pas de recevoir de lui le double de ma créance. Que j'étois loin d'imaginer alors que je reverrois cet

* 4333 liv.

homme ! et voilà qu'après onze ou douze ans , nous nous rencontrons sur le rivage d'Alexandrie. Sa physionomie ne m'en avoit point imposé. Il fut aussi content de me revoir, que s'il eût trouvé à-la-fois tous les anneaux magiques du Timolaüs de Lucien *; mais son étonnement fut extrême de me voir dans une situation où beaucoup d'autres se seroient permis de méconnoître un ancien bienfaiteur. Il ne me méconnut pas ; il me dit qu'il étoit fort riche ; mais que la moitié de son bien ne suffiroit pas à l'acquitter de l'obligation qu'il m'avoit : en un mot, il m'obligea de la façon la plus noble à lui tenir parole, en acceptant le double de la somme qui l'avoit sauvé. Il m'apprit son nom et le lieu de sa résidence habituelle, et m'arracha la promesse de lui donner la préférence sur tous mes amis, si je me retrouvois dans le besoin. J'en pris l'engagement ; mais je ne profitai point de sa bonne volonté. Riche de dix mille drachmes, j'étois un Crésus dans mon métier de Cynique. Je calculai jusqu'où cette

* *Voyez* LE NAVIRE *ou* LES SOUHAITS *, dans les Œuvres de Lucien.*

somme me conduiroit, si je fixois ma dépense journalière à quatre ou cinq oboles; et comme je n'avois pas dessein de prolonger ma vie au-delà de six ans, je vis qu'à moins d'un évènement extraordinaire, je n'aurois pas besoin de recourir à mon Cypriote.

Le sage Agathobule ne remplit pas tout-à-fait l'idée que je m'en étois faite sur la parole de Denys, et ce n'étoit pas leur faute à tous deux. Quel homme en effet auroit pu contenter une imagination telle que la mienne? Cependant Agathobule fut le seul des maîtres de l'école d'Alexandrie qui m'inspira de l'attachement. On a compté ce philosophe, avec tout aussi peu de fondement, parmi les Cyniques et parmi les Epicuriens. Dans le fond, il n'appartenoit à aucune secte. Il paroissoit avoir formé l'idéal du sage qu'il se proposoit pour modèle, comme Zeuxis avoit peint son Hélène d'après ce qu'il avoit rencontré de plus beau chez plusieurs individus; et s'il falloit le comparer à quelqu'un des anciens philosophes, on auroit pu le nommer un Aristippe, sous le manteau des Stoïciens. De même que l'on disoit autrefois de Socrate

qu'il avoit fait descendre la philosophie
du ciel, qu'il lui avoit appris à vivre
avec les hommes, et à s'associer aux relations multipliées de leur existence domestique et civile; ainsi l'on pouvoit dire
d'Agathobule qu'il avoit introduit la philosophie de Diogène dans la bonne compagnie, et que sachant adoucir l'austérité de ses maximes à l'aide de l'urbanité
et des graces, il avoit embelli des vérités
et des vertus qui ne peuvent se montrer
dans la sphère des heureux d'ici-bas sans
être importunes ou ridicules; il les avoit
fait respecter ou au moins rendues supportables aux hommes les plus dépravés.
Né sans passions, assujetti par choix et
sans effort dès sa plus tendre jeunesse à
la pratique du Cynisme et des préceptes
de Zénon, il lui avoit été facile de conserver des mœurs pures au milieu de la
corruption des gens du monde. Il se levoit
de la table du Chevalier romain le plus
somptueux, aussi sobre que d'un banquet
socratique, et la plus charmante danseuse
de Gadès ne troubloit pas plus ses sens,
qu'une vestale sexagénaire. En un mot,
Agathobule mettoit ses leçons en pratique,
parcequ'il ne lui en coûtoit pas plus qu'à

un homme bien portant de respirer et de digérer. Or cette facilité même, si éloignée de la gravité sérieuse et de la morgue pédantesque qui étoient ordinaires à la plupart de ses collègues, faisoit que les principaux d'Alexandrie se disputoient à qui l'auroit pour convive. La vanité sait tirer parti de tout, même de ce qui devroit l'humilier ; aussi les grands de Rome, qui abondoient dans cette capitale de l'Egypte, avoient sur-tout l'air de mettre beaucoup de prix à certaines vérités dures que notre philosophe leur adressoit de temps en tems. Cette conduite faisoit, suivant eux, l'éloge de leur tolérance ; mais ils croyoient, en agissant de cette manière, avoir fait tout ce que l'on étoit en droit d'exiger de leurs pareils ; ils croyoient que cette patience de leurs oreilles, accoutumées aux flatteries et aux applaudissemens, les dispensoit d'avoir le moindre égard à ces vérités dans leurs jugemens ou dans leurs actions. Ainsi la complaisance d'Agathobule pour les grands eût-elle été aussi désintéressée qu'elle sembloit l'être, il manquoit précisément son but par l'emploi du moyen qu'il regardoit comme le seul capable d'attein-

dre cette espèce d'hommes. On lui par-
donnoit sa philosophie, parce que l'esprit et la gaité dont il l'assaisonnoit rendoient son radotage divertissant, mais
en dépit de ses sermons, renouvellés tous
les jours, et souvent avec beaucoup de liberté, il ne se commettoit pas dans Alexandrie une sottise, une injustice, une
absurdité ou un crime de moins.

Le rôle équivoque que jouoit Agathobule me confirma dans une opinion qui
déjà m'étoit devenue familière, savoir
que lorsque les philosophes vouloient au
moins soutenir leur dignité parmi des
hommes aussi corrompus que l'étoient
mes contemporains, au lieu de se relâcher de l'austérité du fondateur et du héros de la secte des Cyniques, ils devoient
peut-être la pousser encore plus loin qu'il
n'avoit fait, s'il étoit possible, et bannir
jusqu'à la pensée d'emprunter le voile des
Graces ou la ceinture de Vénus pour
faire de leur sagesse la complaisante de
ces hommes, auprès de qui elle étoit appellée à remplir les fonctions de juge se-
vère et de maître inexorable. De pareilles
réflexions ne pouvoient demeurer long-
temps oisives chez un homme de ma
trempe,

trempe. Les épreuves par lesquelles j'avois passé durant la première moitié de ma vie, m'avoient fait contracter une sorte de misanthropie qui, à le bien prendre, ne convient qu'à ceux qui, après avoir volé, pour ainsi dire, au-devant de tous leurs semblables, avec un cœur plein d'amour et de bienveillance, se sont vus ou tout-à-fait repoussés, ou dupés autant que moi, aussi souvent qu'ils se sont abandonnés aux plus touchantes amorces de la sympathie, aux apparences les plus séduisantes de la franchise et de la vérité. Je croyois haïr les hommes; mais au fond c'étoit uniquement l'intérêt que je prenois encore à eux, c'étoit l'amour de l'humanité qui m'inspiroit le desséin de suivre à l'avenir une route qui au lieu de me venger de tout ce que mes semblables m'avoient fait souffrir, ne pouvoit aboutir qu'à me rendre l'objet de leur haine, sans aucun profit pour eux ou pour moi. En effet, quel autre fruit attendre de la résolution de déclarer la guerre aux maximes et aux usages dominans de mon siècle, en m'exposant de gaîté de cœur à tout le mal qui pouvoit en résulter, et de faire si bien que tous mes discours et toutes mes actions présentassent la satyre continuelle et vivante des folies et des crimes de ceux qui m'entouroient, et surtout de ceux à qui le reste s'empressoit de complaire ?

Après tant d'aveux, il seroit surperflu d'entreprendre l'apologie de ceux qui me restent à faire. Pourquoi ne confesserois-je donc pas sans détour que l'étrange idée ou le caprice qui s'étoit emparé de mon imagination dès ma plus tendre jeunesse, et que ma liaison avec les Chrétiens n'avoit servi qu'à modifier, sous un autre rapport, le préjugé, ou, comme j'en étois sérieusement convaincu, la conscience intime de ma nature spirituelle qui ne m'avoit jamais abandonné, se réveilla pour lors avec une vivacité nouvelle ; que d'après cela je me sentis réellement appelé à devenir pour mon siècle, dans un sens métaphysique et moral, ce que l'Hercule thébain avoit été pour le sien ; et qu'à dater de ce moment, ce fut là l'idée dominante qui gouverna le reste de ma vie, et m'inspira enfin le projet de la terminer à la manière d'Hercule, dans la solemnité des jeux olympiques. Une si haute vocation me parut exiger un ap-

prentissage tout-à-fait extraordinaire.
J'avois mené, il est vrai, plusieurs années
de suite, une vie très-dure parmi les Chrétiens ; mais ce qui m'étoit arrivé dans la
prison d'Antioche avec sœur Théoclée
me faisoit trop sentir la possibilité d'une
rechûte ; outre cela je me voyois exposé
aux attaques de tant d'autres passions
dans mon nouveau genre de vie, que
pour assurer au Génie que je supposois
résider dans mon sein un empire infailli-
ble et sans bornes sur l'homme à qui il
étoit encore enchaîné, je devois me procurer l'apathie la plus parfaite dont une substance incorporelle soit susceptible. Non-
seulement je devois pouvoir supporter
les besoins de la vie, le froid et le chaud,
la faim, la soif et toutes les infirmités,
comme s'il se fût agi d'un autre ; non-
seulement devenir aussi inaccessible
qu'une statue de marbre à tous les charmes de la sensualité, aux tentations de
tout genre ; il falloit encore le devenir à
la plus sensible de toutes les offenses, au
mépris ; et tout cela demandoit des pratiques longues et multipliées. Durant mon
séjour à Alexandrie, cette espèce de noviciat fut ma principale occupation. Il

m'attira , de la part de plusieurs personnes , les épithètes de fou et de ma-
niaque , vû qu'il entroit dans mon plan
de ne pas craindre les témoins ; et il dût
en résulter naturellement ce que l'Inconnu d'Elis eût grand soin de raconter ,
en chargeant le tableau, suivant sa coutume.

Je ne sais trop si jamais un des pieux
Satyres qui peuplèrent la Thébaïde quelque temps après ma mort , se creusa l'esprit avec autant de zèle que moi pour in-
venter des mortifications efficaces. Vou-
lant acquérir la certitude de pouvoir résister glorieusement à une épreuve du
genre de celle que Phryné passe pour
avoir fait subir à la sagesse du platonique
Xénocrate , je poussai le supplice de moi-
même jusqu'à faire coucher à mes côtés ,
pendant toute une nuit , l'une des plus
charmantes courtisannes d'Alexandrie, et
je conservai assez d'empire sur elle et sur
moi , pour qu'elle ne pût se vanter du
plus petit triomphe remporté sur ma tempérance. Je n ai rapporté cette anecdote
que comme une preuve de la bonne-foi
que je mettois dans mon noviciat , et de
la peine que je me donnois pour ressem-

bler trait pour trait à mon modèle , à l'i-
déal d'un Cynique parfait , tel qu'Epictète l'a tracé. A la vérité , ces bizarreries
me valurent , comme je l'ai dit , une réputation fort équivoque chez un peuple
aussi voluptueux et aussi rafiné que celui
d'Alexandrie. Mais le plus grand nombre
crut y voir le sceau d'une sagesse sublime
et presque surnaturelle. La multitude
parla de moi comme d'un nouveau Socrate, d'un nouvel Antisthène , d'un autre Epictète , et quoiqu'Agathobule lui-
même se fût permis à mes dépens quelques railleries qui avoient circulé de bouche en bouche , j'eus des disciples en
foule , et l'enthousiasme avec lequel je
leur parlois de la dignité , de l'Eudémonie , de l'indépendance et de la dignité
d'une vie conforme aux principes du vrai
Cynisme , leur en imposoit d'autant plus
qu'ils voyoient ma conduite d'accord avec
ma doctrine , ce qu'il n'étoit pas aussi
aisé d'appercevoir chez Agathobule, dont
la sagesse , exempte de faste , s'éloignoit
également de tous les extrèmes.

J'avois déjà passé dix ans à faire ce
métier dans Alexandrie , non compris
quelques voyages dans la Haute-Egypte

et chez les Gymnosophistes éthiopiens,
lorsque je fis connoissance avec un jeune
homme très-riche et d'un rang distingué,
nommé Céjonius. Il parut goûter ma personne et mes discours ; et après une longue résistance de ma part, il me persuada
de l'accompagner dans la capitale du
monde. Rome, à l'entendre, n'avoit pas
eu , depuis le fameux D métrius , ami
de Pœtus et de Sénèque, un homme assez
courageux pour dire la vérité à chacun de
ses habitans , au milieu de ce tourbillon
de pompeux esclavage , de débauches, de
festins , de sycophantes , de flatteurs,
d'empoisonneurs , de voleurs d'héritages,
et de faux amis dont elle étoit le récep-
tacle ; un homme assez sûr de lui-
même pour vivre en sage dans le tumulte
étourdissant des fripons et des insensés de
tout genre. Je laisse à juger combien sa
proposition chatouilla ma vanité, foiblesse
dont je n'étois pas guéri à beaucoup près,
et dont je me dissimulois l'influence sur
mes résolutions. Le miroir magique de
mon cerveau , dans lequel je voyois tout,
et voyois si souvent tout de travers ce que
le vulgaire des hommes voyoit bien avec
les simples yeux de leur corps , me repré-

sentoit cette grande ville , malgré les des-
criptions peu flatteuses de mon ami, sous
un tout autre point de vue que l'expérience ne me a montra par la suite ; et je
rirois volontiers aujourd'hui à mes propres
dépens , lorsque je me rappelle avec
quelles espérances j'accompagnai mon
jeune guide en Italie. Enfant que j'étois !
je m'imaginois que je ne serois pas un an
à Rome sans produire une révolution
signalée dans les mœurs et dans les opinions des Romains. Mais des catastrophes
fâcheuses pouvoient seules convaincre
une tête comme la mienne qu'elle se fioit
toujours trop à ses idées , et que toujours
elle attendoit des autres plus qu'ils n'a-
voient le pouvoir ou la volonté de faire
pour elle.

Je commençai par me méprendre cruel-
lement sur le caractère du jeune homme
à qui je m'étois livré. La culture précoce
que ses pareils avoient coutume de recevoir , lui donnoit, lorsqu'il vouloit , un
air de maturité , par lequel je me laissai
d'autant mieux séduire, qu'il entroit réellement de l'égoïsme dans l'affection qu'il
me témoignoit. Je me flattai que des dispositions si heureuses favoriseroient peu-

à-peu le succès de mes leçons ; et comme
il pouvoit prétendre aux dignités les plus
éminentes, tant par son immense fortune,
qu'à titre d'allié de la famille Impériale ,
j'espérai en faire l'instrument de la révolution dont j'avois rêvé le plan dans mon
oisive solitude d'Alexandrie , et qui ne
dépendoit que d'une simple bagatelle, du
secret de métamorphoser en sages les maîtres du monde , et leurs sujets en patriotes.

Malheureusement Céjonius, qui m'avoit
entendu avec tant de plaisir déclamer
dans Alexandrie sur la réformation du
gouvernement et des mœurs , n'avoit vu
dans l'objet de mes diatribes qu'un sujet
de conversation propre à égayer des momens de loisir. De plus, il menoit à Rome
une vie tellement dissipée, que je ne pouvois l'entretenir , si ce n'est aux heures
des repas , et encore très-rarement , et
d'une façon très-succinte. En un mot ,
j'apperçus clairement , au bout de quelques semaines, qu'en nourrissant chez lu
un Philosophe grec , il ne prétendoit suivre que la mode, et que si son choix étoit
tombé sur moi , c'étoit seulement parce
que, dans le cours de ses voyages, il n'en
avoit point trouvé d'autre qui lui convint

mieux, et qu'il crut devoir lui faire plus d'honneur. En effet, le contraste de mon extérieur et du costume cynique, auquel les yeux n'étoient pas encore faits, pouvoit passer pour une espèce de singularité, et le jeune Patricien étoit fier de posséder un Philosophe domestique, dont on ne pouvoit nier la parfaite ressemblance avec un beau buste de Pythagore, qui ornoit sa galerie. Il fallut un certain temps pour m'ouvrir les yeux sur ma situation; mais du moment où je la connus, toute communauté cessa entre nous, selon ma vieille habitude. J'abandonnai sur-le-champ sa demeure, et non content de lui avoir dit en face des vérités dures, avec tout le fiel de l'amour-propre humilié, je crus devoir encore cette satisfaction à la philosophie, de stigmatiser en public et lui-même et les jeunes Romains que j'avois vus chez lui. Ce déchaînement fut la première cause de plusieurs désagrémens que j'eus à souffrir pendant mon séjour à Rome. Sans doute les suites de mon imprudence auroient été encore plus graves, si Céjonius et ses amis n'avoient craint l'héritier du trône, le César Marc-Aurèle, protecteur immédiat de tout philosophe

stoïcien ou cynique , et dans la maison
duquel j'avois de chauds partisans.

Je ferois des volumes, si j'entrepre-
nois de raconter les diverses aventures
qui m'arrivèrent dans les trois ou quatre
ans que je passai en Italie , soit à Rome,
soit à la campagne chez des particuliers
de ma connoissance ; mais il en est une
que je ne saurois omettre. Elle mérite
d'autant plus d'être exceptée qu'il ne s'a-
gissoit de rien moins que d'une intrigue
avec la fille unique de l'empereur , la
jeune Faustine , mariée depuis quelques
années avec Marc-Aurèle , fils adoptif
de ce prince. Faustine étoit encore dans
toute la fraîcheur de la jeunesse et de la
beauté. Son siècle a transmis à la posté-
rité des bruits défavorables à ses mœurs ;
ni la tendre estime de son époux ,
qu'elle conserva jusqu'à sa mort ,
ni les honneurs distingués qui furent dé-
cernés à sa mémoire , par un décret du
sénat , n'ont pu faire oublier quelques
imprudences qui , dans son bel âge ,
l'exposèrent à la calomnie. Je ne puis me
laver du reproche d'avoir passablement
contribué , dans un temps où son caractère devoit me paroître très-équivoque ,
à donner du poids aux anecdotes scanda-

leuses qui couroient sur son compte. Mais
depuis que le bûcher d'Halpinnas a dissipé la magie de mes passions, je con-
temple sous un autre point de vue le caractère de cette princesse aimable, et sa
conduite à mon égard ; et si j'en juge par
ce qui m'arriva avec elle, je suis très-
porté à croire qu'on lui faisoit injure en
la plaçant sur la même ligne que Poppée
et la femme de Silanus.

Malgré l'étendue monstrueuse de la
ville de Rome, malgré la rapidité avec
laquelle s'y entrepoussoit comme les
vagues de la mer une multitude innombrable d'hommes rassemblés de tous les
pays du monde, dont chacun suivoit son
goût particulier, le philosophe que Céjonius avoit amené d'Egypte excita néanmoins dans plusieurs cercles une espèce
d'intérêt momentané. Presque tous ceux
qui m'avoient vu avoient à raconter de
moi quelque chose de risible ou d'extraordinaire, une petite anecdote vraie
ou fausse qui me rendoit un objet de curiosité pour la partie désœuvrée du public. Chacun vouloit connoître le Cynique à tête de Pythagore, pour pouvoir
dire qu'il l'avoit vu, et peu s'en fallut

que l'on n'engageât l'Empereur à ordon-
ner que je serois montré dans le cirque,
le premier jour de fête, parmi les autres
animaux rares que l'on amenoit à Rome
de toutes les extrémités de la terre. Il étoit
inévitable que Faustine, dont la plus
forte et peut-être l'unique passion étoit de
changer sans cesse de hochet, conçut enfin le désir de me voir; mais la chose,
quoique fort simple en elle-même, avoit
pourtant ses difficultés. On me peignoit à
la princesse comme un monstre philoso-
phique ombrageux et récalcitrant au dernier point. Ses dames d'honneur lui disoient sur-tout que je témoignois pour le
beau sexe une antipathie proportionnée à
la jeunesse et aux attraits, et qui la feroit
peut-être repentir de sa curiosité. On lui
cita divers exemples de cette étrange mi-
sogynie, lesquels, à parler vrai, n'étoient
pas absolument controuvés; mais tout cela
ne servit qu'à irriter l'impatience de Faustine. Elle habitoit d'ordinaire pendant la
belle saison les jardins de Salluste, dont
les riantes allées étoient ma promenade
favorite. On me dit un jour qu'elle souhaitoit me parler; ne pouvant ma refuser
poliment à cette invitation, je me laissai
conduire

conduire, quoiqu'avec répugnance, dans
un petit pavillon, où elle travailloit à un
ouvrage de femme avec deux ou trois de
ses confidentes les plus intimes. Sa beauté
auroit pu fournir le plus parfait modèle
d'une Vénus; elle étoit animée par l'expression de la bienveillance et de l'affabi-
lité; cependant elle ne me toucha que foiblement, peut-être à cause de cette expression même; mais les dames qui l'entouroient furent bien trompées dans leur
attente, lorsqu'au lieu d'un Cynique
agreste et mal léché, elles virent entrer
un homme qui paroissoit avoir fréquenté
la bonne compagnie, qui étoit décem-
ment vêtu à la manière des Grecs, et qui,
à juger par ses dehors et sa conduite, ne
prêtoit nullement aux saillies que l'une
d'elles tenoit déjà en réserve pour l'amusement de la princesse. Je démêlai très-
bien que la tête de Pythagore sur les épaules d'un homme que Vénus Mamilie avoit
choisi pour son Adonis vingt-cinq ans auparavant, ne laissoit pas de produire son
effet; mais la conversation n'en fut pas
plus vive, et comme j'encourageois médiocrement par la brièveté de mes réponses la bonne opinion que l'on sembloit

avoir conçue de moi sur la recommanda-
tion de mon extérieur, je fus assez promptement congédié à ma grande satisfacti n,
sans que l'on marquât a plus légère envie de me connoître davantage. Mais je
rencontrai souvent Faustine dans les jardins de Salluste. Le doux charme qui accompagnoit comme à la dérobée ses moindres paroles et ses moindres gestes, sa
gaîté continuelle, l'absence de toutes
les prétentions que son rang auroit pu lui
inspirer, la bonté de son cœur et la simplicité de ses manières me captivèrent
imperceptiblement. A chaque entretien,
la belle Faustine devint plus belle à mes
yeux; elle vouloit, disoit-elle, orner son
esprit, cultiver sa raison; elle espéroit
ainsi se rendre plus digne d'être l'épouse
d'un Marc-Aurèle. Je trouvois en elle
tout ce qu'il falloit pour que cette culture
ne fût pas vaine; et, toujours porteur
d'une cervelle que trois Anticyres n'auroient pas guérie *, je me mis en tête,
sans le moindre scrupule, d'entreprendre

* *Tribus Anticyris caput insanabile.*
HOR.

cette dangereuse tache, auprès d'une
jeune princesse dont le vrai caractère
étoit pour moi quelque chose de tout-à-
fait nouveau, en dépit des lumières que
je croyois avoir recueillies sur la grande
énigme du cœur des femmes, graces aux
Callippe, aux Mamilie et aux Théo-
elée.

Cependant ce que je sentois pour l'aimable Faustine étoit si innocent et si pur,
tenoit si peu de la passion, en un mot
ressembloit si fort à l'amour d'un père
tendre pour une fille de bon naturel, que
mon cœur ne pouvoit en être troublé ;
mais ce calme même fut ce qui me perdit.
Faustine avoit réellement un projet malin contre ma sagesse ; elle n'aimoit point
à languir dans l'accomplissement de ses
fantaisies. Ma sécurité lui fit naître l'idée
d'attirer dans ses piéges la plus subalterne de mes trois ames, pour parler
le langage de Platon ; elle jura de
triompher de mon apathie, et j'appris
dans la suite que ce triomphe étoit l'objet
d'un pari considérable entr'elle et une
de ses favorites. Elle prit si bien ses
mesures que je la trouvai un jour endormie, et très-légèrement vêtue, dans

la grotte la plus solitaire de ses jardins,
sur un banc de mousse, parsemé de
roses. Jamais spectacle plus ravissant
n'avoit frappé ma vue; au moins je le
croyois ainsi. Le temps avoit trop affoibli les images des visions de ce genre,
que j'avois précédemment admirées,
pour que la vive impression de cette
image nouvelle ne prît pas le dessus. Je
ne m'arrêtai pas long-temps, il est vrai;
mais mon apathie fut ébranlée. Le souvenir de cet instant diminua l'empire que
l'habitude des privations les plus rigoureuses avoit donné à ma prudence sur
mon imagination; et quoique je ne fusse
ni assez jeune, ni assez extravagant
pour m'amouracher de l'épouse d'un
Marc-Aurèle, je ne fus plus maître,
dans nos rencontres subséquentes, de
la regarder avec des yeux aussi désin-
téressés qu'auparavant.

Ce changement ne pouvoit échapper
long-temps à sa pénétration. A la vérité
elle ne laissa point appercevoir qu'à
chaque entrevue elle trouvoit son maître
plus animé et plus divertissant; mais dès-
lors elle se tint pour assurée de gagner
son pari, et pressa l'exécution de son

projet. Je la rencontrai un soir, tenant sur ses genoux un livre, dont la lecture l'occupoit si fort que j'étois déjà tout près d'elle sans qu'elle m'eût remarqué. Tu ne pouvois, me dit-elle, venir plus à propos pour m'aider à reconnoître si j'ai bien ou mal saisi la théorie d'une très-sublime personne avec qui je m'entretiens depuis une demi-heure.

Son livre étoit le Banquet de Platon ; par conséquent Diotime étoit la sublime personne. Cette noble espèce d'amour que l'on a coutume d'appeller l'amour platonique, en oubliant, par une ingratitude trop ordinaire, celle qui l'inventa devint entre nous le sujet d'un entretien qui me remit insensiblement dans les dispositions de cœur et d'esprit de ma première jeunesse. J'étois peut-être le seul homme vivant qui fût capable d'entretenir avec autant d'enthousiasme et de gravité une femme telle que Faustine de la possibilité d'un amour métaphysique pour la plus aimable des mortelles, c'est-à-dire, pour elle-même, comme je le lui donnois assez clairement à entendre. Faustine parut aussi satisfaite qu'étonnée de trouver pour la première fois de sa vie un homme dont la façon de penser étoit aussi délicate et aussi conforme à la sienne ; mais avec une physionomie où se peignoient la malice et la naïveté, elle me témoigna quelques doutes sur la possibilité de maintenir de part et d'autre cet amour dans les bornes de la spiritualité. Ceci me rappelloit en dépit de moi-même Callipe et Mamilia, dont le souvenir auroit dû m'inspirer plus de réserve, et je ne pouvois manquer d'éprouver un certain trouble, lorsqu'elle me dit avec un regard qui sembloit lire au fond de mon ame, que l'homme capable de traiter ce sujet d'une manière aussi positive, devoit avoir fait des expériences qui l'y autorisoient, et que je lui pardonnerois sans doute de ne pouvoir me cacher sa curiosité, relativement à cette partie de mon histoire. Ses desirs venoient au-devant des miens. Je lui promis donc un récit fidèle et circonstancié des aventures de ma jeunesse, et j'eus la gaucherie d'ajouter qu'elles lui prouveroient de quoi j'aurois été capable, si j'avois eu le bonheur de rencontrer une Diotime qui lui eût ressemblé. Ce compliment fut accueilli en apparence, comme je pouvois le souhaiter. Elle fixa un des jours suivans pour entendre mon histoire, et me quitta avec des marques de satisfaction qu'un amant moins platonique auroit pu sans indiscrétion regarder comme des encouragemens.

On voit que cette complaisance imprudente pour la curiosité de Faustine m'avoit entraîné dans une fâcheuse aventure. Echauffer mon imagination, sous les yeux d'une aussi charmante personne, en la reportant au milieu des scènes délicieuses de ma jeunesse, c'étoit, comme on dit, brûler le cierge par les deux bouts. Faustine, dont la figure aimable ne me faisoit soupçonner aucune malice, n'épargna rien, sans trop s'avancer, pour allumer de plus en plus le chaste feu qui couvoit dans mon sein. Mon récit interrompu par des digressions fréquentes dégénéroit sans cesse en dialogue, et ce dialogue étoit si intéressant, qu'il nécessitoit des épanchemens de cœur. En effet l'amour platonique a aussi les siens; mais la Princesse avoit toujours, pendant nos conversations, trois ou quatre petites esclaves autour d'elle, et leur présence m'imposoit une sorte de contrainte.

Mes aveux servirent naturellement à confirmer Faustine dans ses doutes sur la possibilité de l'amour platonique, plutôt qu'à l'en guérir. Elle ne m'en fit pas un mystère, et en même-temps, elle parut s'abandonner avec une confiance si enfantine et si vraie, qu'elle sembloit être la preuve d'une sympathie dont sa conscience ne lui permettoit pas de soupçonner la pureté.

Enivré de cette opinion flatteuse, je m'appercevois moins que jamais à quel point une ame aussi amalgamée que celle de Faustine avec les agrémens extérieurs, étoit un objet dangereux pour un homme sujet comme je l'étois à confondre sans cesse la beauté morale et la beauté physique. Ce fut sans doute dans un de ces momens que je m'oubliai jusqu'à parler à la Princesse de la gêne qu'imposoient au libre échange de nos ames le plan qu'elle s'étoit fait de ne m'entretenir que de jour, et les petites nymphes qui assistoient toujours à nos entretiens. Elle parut le sentir aussi bien que moi ; mais elle eut l'air embarrassée sur le parti qu'il falloit prendre pour remédier à cet inconvénient. La chaste

Phœbé, lui dis-je enfin, dont les amans vulgaires ont tant de fois imploré le secours, ne daigneroit-elle pas favoriser les vœux d'un disciple des sages, initié aux mystères d'un amour plus noble ? Pourquoi non, répondit-elle en souriant ? au moins, ajouta-t-elle après un moment de silence, je te donne mon consentement, si tu veux prendre sur toi de m'initier aussi dans ces sublimes mystères.

Elle me permit de venir dans les jardins de Salluste à une heure indue, sous les auspices de l'astre virginal, et me fit espérer que je ne l'attendrois pas en vain dans le bosquet de myrthes qui environnoit un petit temple des Graces ouvert de toutes parts. Autant que je puis m'en souvenir, elle m'honora de trois ou quatre de ces entrevues nocturnes. La suite prouva qu'elle n'y couroit aucun risque ; aussi demeura-t-elle toujours semblable à elle-même, toujours aussi tranquille, aussi douce, aussi complaisante, aussi gracieuse qu'elle s'étoit montrée dès l'origine ; mais l'épreuve fut trop forte pour mon apathie. Il y avoit des momens où la violence de mes sensations menaçoit de déchirer mon sein ; et plus d'une fois , combattu entre l'ardeur de ma passion qui vouloit me renverser à ses pieds , et le respect , la honte qui me retenoient avec une force égale , je fus en danger de tomber évanoui ; mais à chaque fois , elle choisit ce moment pour me renvoyer , avec les expressions de la plus tendre inquiétude , sous pretexte que je n'étois pas en état de supporter la fraîcheur de la nuit.

La lune cessa enfin de protéger ces rendez-vous. Je ne pus m'empêcher de témoigner à Faustine combien je regrettois la perte de ces heures fortunées ; et le ton de mes plaintes devoit m'attirer la compassion d'une femme qui m'avoit déjà marqué tant de bienveillance. Tu es un peu pressant , me dit-elle ; mais je juge de tes sentimens par les miens. Il ne m'en coûte pas moins qu'à toi de renoncer à ces doux entretiens de nos ames ; mais que puis-je faire pour t'en dédommager ? Un profond soupir fut toute ma réponse. Je verrai ce qui sera praticable , reprit-elle après avoir un peu rêvé. Tu auras bientôt de mes nouvelles ; mais si pour satisfaire ton désir et le mien , je me trouvois forcée de mettre ton platonisme

à une épreuve un peu rude ? Je crus deviner sa pensée, et je lui jurai par la
Vénus-Céleste et par les Graces de Socrate, que jamais elle n'auroit lieu de se
repentir de la confiance dont elle m'ho-
noroit, à quelqu'épreuve qu'il lui plût
de me soumettre.

La comédie de Faustine approchoit de
son dénoument. Elle me joua un tour
cruel, et depuis long-temps je le lui ai par-
donné ; mais ce que je ne me pardonnerai
jamais à moi-même, c'est l'aveuglement
qui me précipita dans ses filets. Que l'on
ne croie pas toutefois qu'au milieu de ces
extravagances, je me sois rendu coupable
du moindre projet contre la vertu de
Faustine. Mon enthousiasme alloit si
loin, que j'étois fermement résolu, si
sa raison l'abandonnoit, de venir au secours de sa bonne ame, et que je tenois
en réserve pour cette crise une multitude
de choses plus sublimes et plus touchantes
les unes que les autres.

Il s'écoula quelques jours sans que
Faustine reparut dans ses promenades
accoutumées, quoique je la cherchasse
par-tout, même dans la grotte où je
l'avois rencontrée endormie. Mais un

matin que j'errois tristement de long en large dans une alée qui conduisoit au temple des Graces , une grenade tomba devant moi ; je l'ouvris. Elle renfermoit un billet. Je le déployai en tremblant de joie , et j'y lus à-peu-près ce qui suit : Tu ne peux souhaiter la preuve extraordinaire que tu attends de ma confiance dans tes sentimens , avec plus d'ardeur que je ne souhaite voir ce que je ferai pour toi justifié par ta conduite. Si tu as encore le courage de soutenir l'épreuve qui doit le précéder , trouve-toi , une heure avant minuit , près de la petite porté qui conduit de la galerie d'Apollon dans le bosquet de rosiers , et suis la personne que tu rencontreras en ce lieu.

J'avois une trop haute idée de l'innocence et de la bonté de Faustine , je comptois trop sur la force de ma résolution , pour que le moindre doute vînt altérer la joie que me causa cette preuve plus désirée qu'attendue de ses dispositions en ma faveur. L'intervalle qui auroit semblé une éternité à tout autre s'écoula pour moi d'une manière insensible au sein des plus délicieux pressentimens. A peine dans le saint bocage de

Vénus-

Vénus-Uranie , m'étois-je trouvé si dé-
nué de corps , si entièrement esprit que
dans l'attente de cette heure auguste , où
le nœud d'un éternel amour devoit se
serrer entre mon ame et la plus belle des
ames. Cette heure parut enfin. La petite
porte s'ouvrit; une jeune esclave me prit
par la main , et me faisant suivre plusieurs
corridors obcurs , me conduisit dans une
pièce très-éclairée , et dont l'ameublement annonçoit la grandeur. Elle com-
muniquoit à une longue enfilade de petits
appartemens qu'il me fallut traverser
pour arriver jusqu'à la Princesse. Par-
tout le parfum le plus suave enchantoit
mon odorat. La clarté diminuant peu-à-
peu , se terminoit en un foible crépuscule. Faustine étoit couchée sur un lit
de repos magnifique , avec cette parure
légère , mais excessivement recherchée ,
et dans la belle attitude où je l'avois surprise dans la grotte. Un voile à demi-
transparent couvroit une partie de son
visage, et d'un sein qu'avoit modelé l'A-
mour même. Je m'étois avancé à pas
lents , avec des battemens de cœur toujours plus forts ; mais ce premier aspect
triompha entièrement de moi. Je me jettai

Tome II. E e

aux pieds de la Princesse ; et, Faustine !
céleste Faustine ! furent les seuls mots
que mon ravissement me permit d'arti-
culer, tandis que je couvrois de baisers
brûlans une main que l'on m'avoit tendue. Tout-à-coup un grand éclat de rire
frappa mes oreilles. Le cabinet où j'é-
tois devint aussi radieux qu'un beau jour,
et la vraie Faustine s'agitant derrière un
rideau, dit à une autre dame qui la suivoit : Flaviana, j'ai gagné notre gageure ;
et toi, bon Protée, pardonne-moi cette
supercherie. Je laisse à ta philosophie le
soin de tirer de cette aventure platonique
la morale dont tu t'accommoderas le
mieux. A ces mots, elle s'éloigna en
riant, et moi, surpris, confondu, pétrifié, j'aurois donné de la compassion à
mon plus grand ennemi.

Je ne demeurai que le temps nécessaire pour me convaincre à mon grand
étonnement que la prétendue Faustine
étoit Myrto, cette même esclave qui
dans la Villa-Mamilia représentoit une
des Graces, et qui se donna tant de peine
pour noircir Théoclée dans mon esprit.
Vingt ans ne sembloient pas avoir affoibli
l'impression que j'avois eu le malheur de

faire à cette époque sur son tendre cœur ;
elle s'efforça de me retenir, sous prétexte
d'avoir à me confier des choses très-im-
portantes ; mais mon orgueil étoit trop profondément blessé pour que je supportasse
un moment de plus l'air de cette maison,
devenu tout-à-coup pestiféré pour moi.
Je m'arrachai d'auprès d'elle, m'enfuis
dans ma cellule, et me tins enfermé pendant quelques jours, pour revenir de
l'échec qu'avoit donné à ma philosophie
cette honteuse issue de ma plus brillante
aventure, et, tout bien considéré, pour
m'affermir dans la résolution de n'en
plus avoir de pareilles.

Même après que le premier ressentiment fut appaisé, Faustine me parut
encore extrêmement coupable d'avoir
pu, malgré la confiance sans bornes que
j'avais dans son ingénuité, jouer un tour
aussi sanglant à un cœur tel que le mien,
et d'avoir livré au ridicule, avec tant de
légèreté et de mépris, un homme qui,
à ce que me persuadoit mon amour-
propre, méritoit de l'estime, jusque dans
ses erreurs. Je pouvois si peu lui pardonner cette conduite que je me crus autorisé à la dépeindre en toute occasion.

comme la plus dangereuse sirène , et à
proclamer que cette amabilité même que
l'on ne pouvoit lui refuser n'étoit que
le masque d'une ame insensible et cruelle.
Quand j'avois une fois commencé sur ce
ton , je n'épargnois ni son père ni son
époux , et la diatribe finissoit d'ordinaire
par une satyre envenimée contre les Romains et les Romaines , la corruption
monstrueuse de leurs sentimens et de leurs
mœurs ; l'odieux despotisme de leur gouvernement , et l'étrange foiblesse de l'Empereur , qui prenoit pour vertu la douceur de son tempérament flegmatique , et
qui , à raison de ce qu'il vouloit du bien
à tout le monde , croyoit bonnement que
l'on étoit heureux sous son empire , et
que tout le monde étoit aussi à son aise
que lui-même.

Si Faustine eût ressemblé au portrait
que j'en faisois dans mon injuste colère ,
il lui auroit été bien facile de se venger
d'un pauvre aventurier grec que le hasard
avoit par malheur jetté sur son passage ;
mais elle avoit hérité du cœur de son père.
A peine revenue de la joie de posséder un
bel hermaphrodite de marbre de Paros ,
que sa gageure lui avoit procuré , elle

avisa qu'elle devoit un dédommagement
à l'étourdi qui la lui avoit fait gagner,
pour le renversement de ses espérances.
Aussitôt s'arrangea dans sa tête le projet
de me rendre aussi heureux que je pouvois raisonnablement le souhaiter. Une
mort prématurée ayant mis fin aux excès
de Mamilia , Myrto étoit entrée chez
l'impératrice ; celle-ci l'avoit donnée à
sa fille ; elle jouissoit de la confiance
particulière de sa maîtresse , et tenoit le
premier rang parmi ses affranchies. Faustine avoit appris mon histoire de sa
bouche , avant de la tenir de moi , et
Myrto lui avoit confié en même-temps que
les étincelles d'amour que j'avois , sans
m'en douter , allumées dans son cœur ,
y couvoient encore sous la cendre , malgré le temps et mon ingratitude. Myrto
avoit quarante ans ; mais les Graces lui
avoient départi le don de paroître toujours
plus jeune qu'elle ne l'étoit , et la bonne
Faustine crut qu'un mariage entre nous
seroit d'autant mieux assorti , que la dot
qu'elle préparoit à sa favorite me met-
troit à portée de mener une vie très-
agréable.

Myrto m'avoit inutilement cherché et

fait chercher pendant quelques jours,
pour m'informer des bonnes intentions
de la Princesse et des siennes, lorsqu'elle
me trouva enfin dans les jardins qui
avoient jadis appartenu à Mécène. Je
vou'us lui échapper ; mais elle me força
de l'entendre. Elle n'oublia rien de ce
qui auroit engagé tout autre homme,
placé dans ma position, à recevoir avec
reconnoissance son cœur, sa fortune et
sa main, qu'elle m'offroit au nom de
Faustine, et du ton le plus modeste. Mais
l'impardonnable rendez-vous, et l'hermaphrodite à qui j'avois été sacrifié, m'a-
voient rendu toute mon apathie, et dès
cette première tentative, l'amour-propre
de Myrto fut si choqué de la froideur que
je lui opposois, qu'elle perdit toute
velleîté d'en faire une seconde. Je passai
quelques semaines sans entendre parler
d'elle ou de Faustine, et sans m'en embar-
rasser ; mais un soir que j'errois seul sur
le mont Æsquilin, une femme voilée s'approcha de moi, et me demanda quelques
minutes d'audience. Je la suivis derrière
un grouppe d'arbres, et dès qu'elle se
flatta de n'être vue de personne, elle se
fit reconnoître pour Myrto. Faustine a

ap ris, me dit-elle, que tu te croyois
autorisé par ce qui s'est passé entre vous
à médire sur son compte. Le bruit court
que tu t'es permis, devant un assez grand
nombre d'auditeurs, des expressions in-
décentes contre l'Empereur son père, et
contre son époux, que, dans toutes les
hypothèses, elle présumoit à l'abri de
la satyre. Elle est disposée à te pardonner
ces sorties indiscrettes; mais elle t'engage,
pour l'intérêt de ta propre tranquillité,
à quitter Rome sans délai; elle espère que
tu voudras bien recevoir, comme une
marque de sa bonne volonté, cette bourse
tissue de ses propres mains, pour t'aider
à retourner dans la Grèce. A ces mots, elle
me tendit une bourse assez ronde, qui, suivant l'apparence, étoit remplie d'or. J'a-
vois eu de tout temps la malheureuse habitude, lorsqu'il s'agissoit d'opter entre
deux partis, de me décider en faveur
de celui qu'après mûre réflexion j'aurois voulu ne pas avoir embrassé. Il étoit
manifestement de la plus haute imprudence de voir dans la prière de Faustine
autre chose qu'un ordre mitigé, et il n'é-
toit pas moins incivil de rejetter son présent; mais j'avois encore le cœur trop

E e 4

ulceré pour répondre à ce message d'aussi bonne grace qu'il m'étoit transmis. Je dis à Myrto que je ne me sentois coupable d'aucun crime qui dût me ravir la liberté de choisir mon séjour, droit attaché à ma qualité de citoyen romain. Quant au présent de Faustine, des oboles suffisoient à mes besoins, et comme j'en avois tout juste autant qu'il m'en falloit, je la priois de garder son or pour quelqu'un à qui il seroit plus nécessaire. Après cette impertinente réponse, je tournai le dos à la messagère étonnée, avec toute la satisfaction d'un homme qui croit avoir dit des merveilles.

Le lendemain matin je fus mandé devant le Préfet de Rome. Je ne doutai pas que l'aventure de la veille ne m'eût attiré cet honneur, et dès lors je n'en augurai rien de bon. Mais ma destinée étoit toujours de trouver les hommes autres que je ne m'y attendois. Le Préfet me tirant à l'écart, me dit avec un front sévère, mais d'un ton fort doux, qu'il avoit lieu de penser que l'air et le séjour de Rome ne me convenoient nullement, et qu'il me conseilloit en ami de m'éloigner au plutôt de l'Italie, et de retourner en Egypte ou dans la Grèce. Ah! sans doute, m'écriai-je! l'air de Rome est pestilentiel pour moi. Ton conseil est un ordre de mon bon Génie; je vais lui obéir sur-le-champ. Aussitôt je courus à mon hôtellerie, fermai mon havresac, et m'acheminai à l'heure même du côté de Brindes.

Chemin faisant, je passai en revue toutes les scènes de ma vie. Je comparai dans chacune d'elles mes espérances avec leurs résultats, et je demeurai plus convaincu que jamais que je me trompe-rois aussi désagréablement que je m'étois trompé jusqu'alors, toutes les fois que je croirois trouver des hommes semblables à moi parmi ceux dont j'étois entouré. Qu'est-ce donc qui me restoit à faire, sinon de me concentrer plus que jamais en moi-même, de ne plus rien attendre d'autrui, et de n'en plus exiger rien? Mais pour témoigner ma reconnoissance aux habitans de la terre de ce qu'ils me laissoient le libre usage de l'air et de l'eau, je résolus sur nouveaux frais de leur dire la vérité en toute occasion, en public et en particulier, sinon pour les rendre meilleurs, au moins pour les humilier et les faire rougir. Ce sera toujours quelque chose, me dis-je à moi-même, si malgré leur orgueil, malgré leur projet universel et tacite d'employer la politesse et la flatterie à se ruiner mutuellement, je puis les contraindre à se voir tels qu'ils sont, dans le miroir véridique que je leur présenterai, dussent-ils ne lui donner qu'un coup-d'œil.

Plein de cette idée, je retournai dans la Grèce, et l'on conçoit aisément que ceux qui se trouvèrent blessés de ma franchise, me donnèrent la réputation d'un Cynique ennemi de l'humanité. A cet égard, tout ce que Lucien a mis dans la bouche de son Inconnu est exactement l'écho de la voix publique.

Je me vouai bientôt à la solitude la plus profonde. La paisible Athènes ne l'étoit point encore assez pour moi. Je choisis pour mon séjour habituel une petite cabane écartée à peu de distance de la ville, et hormis quelques jeunes gens attirés par ma réputation, ou par l'espérance illusoire d'acquérir la sagesse en conversant avec un sage, le cynique Theagène de Patra étoit le seul homme dont je recevois les visites. Mais à le bien prendre , je tolérois sa présence plutôt que je ne la désirois. C'étoit au fond un esprit bien intentionné, et je crois encore à présent à la sincérité du zèle qu'il me témoignoit. Mais la grossièreté de son organisation , l'éducation vulgaire qu'il avoit reçue, une certaine impolitesse qui lui étoit naturelle , et le goût d'une vie oisive et indépendante , en un mot toutes les raisons qui l'avoient jetté dans le Cynisme , mettoient des bornes si étroites à la culture de son esprit , que malgré tout son enthousiasme pour l'Hercule Thébain et pour moi , il ne réussit qu'à se distinguer foiblement parmi les Cyniques vulgaires de ce siècle. Quoi qu'il en soit, sa bonhommie et son dévouement lui gagnèrent une place dans mon cœur , dont le plus pressant besoin étoit d'aimer quelque chose ; il avoit beau me repousser à la journée par les dissonances innombrables de sa manière de sentir , de penser et de vivre , je n'eus pas la force d'éloigner le seul homme de qui je croyois être certain qu'il m'aimoit de bonne foi et sans intérêt personnel , d'où il s'ensuivit naturellement qu'il se chargea du rôle le plus actif dans ma fameuse tragédie.

Cette dernière action de ma vie est maintenant la seule sur laquelle il me reste à donner des éclaircissemens.

Une mort volontaire, quoique Platon et Epictète l'eussent désapprouvée par des raisons très-plausibles, avoit été quelque chose de si commun parmi les Grecs et les Romains d'une certaine classe ; de si grands exemples la justifioient et la sanctionnoient, pour ainsi dire, que j'aurois à peine excité la surprise ou l'admiration d'un seul individu, si j'avois voulu terminer mes jours à bas bruit, comme tant d'autres philosophes, au moyen de l'abstinence, de l'opium, ou d'un nœud coulant. Mais une mort extraordinaire, solemnelle, annoncée quatre ans d'avance dans toute la Grèce, devoit fixer l'attention générale ; et il étoit aisé de prévoir qu'elle seroit traitée par les uns d'action héroïque, de folie par d'autres, et par d'autres enfin de pur charlatanisme ; mais que tous, ou du moins le plus grand nombre n'en croiroient que leurs propres yeux.

J'avois formé depuis long-temps le projet de cesser de vivre dès que je m'ap-

percevrois que cette démarche seroit convenable; il rouloit déjà dans mon esprit ,
lorsque je résolus en Egypte de remplir ici-
bas les fonctions d'un Hercule philosophi-
que ; depuis mon bannissement d'Italie,
cette pensée avoit pris tous les ans de nouvelles forces. Vivre parmi les habitans de
la terre , après que la vie avoit perdu pour
moi tous ses charmes, sur-tout depuis mes
expériences de Rome , m'étoit de jour en
jour plus indifférent , et finit même par
me devenir odieux. Toutes mes habi-
tudes et l'abstinence rigoureuse que j'observois strictement depuis cette époque
avoient insensiblement usé les nœuds
qui attachent à l'existence jusqu'à
l'homme isolé. Au contraire, l'étrange
sentiment de ma nature spirituelle s'étoit
accru dans la même proportion que mon
attachement pour mon corps avoit dimi-
nué. Cet amas de terre organisée avec
lequel il falloit encore me traîner sur le
globe , m'étoit de plus en plus à charge.
Mes organes même n'étoient à mes yeux
que des obstacles à une manière plus parfaite de voir, d'entendre, de correspondre intimément avec le grand tout, avec
les substances spirituelles, en un mot,

d'acquérir une énergie infiniment plus glorieuse et plus illimitée. Je me sentois enfin pressé d'un désir inexprimable d'atteindre à cette vie plus sublime, de la réalité de laquelle je n'avois pas douté un seul moment; et comme je perdois de jour en jour l'espérance d'être utile aux hommes, en demeurant plus long-temps parmi eux; comme elle ne me sembloit plus qu'une chimère risible, qui ne pouvoit naître que dans le cerveau d'un jeune enthousiaste, absolument étranger à ce qui se passe dans le monde, rien ne m'y retenoit plus, et je résolus de mourir.

Mais une pensée vint me frapper au même instant: Si ma vie n'a pas été utile au monde, je puis au moins lui rendre service par mon trépas. Dans ce siècle de mollesse et de langueur, le spectacle public d'une mort héroïque et volontaire; d'une mort semblable à celle d'Hercule sur le mont Oeta, de Calanus, à la vue d'Alexandre et de son armée, doit faire une impression plus profonde et plus salutaire que n'en feroient dans l'espace de vingt ans, sous les voûtes du Lycée ou du Portique, les déclamations du moraliste le plus éloquent. Je m'arrêtai à l'idée de me brûler par une belle nuit d'été dans l'amphithéâtre d'Olympie, sous les yeux de la multitude des Grecs et des étrangers venus de toutes les parties de l'Univers. Je ne saurois rendre le charme inexprimable que cette idée eût pour moi. Sous tous les points de vue où j'envisageois cette mort, elle se montroit à mon esprit avec une apparence éblouissante. C'étoit, par rapport aux hommes présens et à venir, une offrande glorieuse de moi-même, un exemple immortel de fermeté, de dédain pour ce qu'ils estiment par-dessus tout, d'intime certitude d'une destination bien supérieure à l'objet de cette misérable vie, qui me feroit à jamais regarder comme un bienfaiteur du genre-humain, d'autant plus désintéressé, qu'il avoit moins mérité de moi. Par rapport à moi-même, c'étoit le moyen le plus court, le plus noble, le plus analogue à l'essence primitive du Génie qui constituoit mon véritable *moi*, de retourner dans mon élément, après un exil déjà trop long sur cet odieux théâtre d'illusions, de passions et de besoins. Je dois encore avouer que j'étois fier de montrer aux Chrétiens que leur doctrine n'étoit pas la seule qui inspirât le courage de braver une mort douloureuse.

Si je différai l'exécution de mon projet , c'est qu'à parler franchement , malgré toutes mes. bizarreri s , j'étois un
homme comme un autre. Je ne pouvois
pas empêcher l'instinct qui lie tous les
êtres vivans au seul mode d'existence
qui leur soit connu , de produire aussi
son effet sur moi. J'ose cependant assurer
que je ne m'a perçus point de cet effet.
J'eus au contraire un long combat à soutenir contre moi-même , avant d'en venir
au dessein de surmonter l'impatience que
j'avois de mourir , comme la dernière
passion dont la sagesse m'imposoit le
sacrifice , et d'augmenter le merveilleux
de cet acte exemplaire , en le différant
d'une Olympiade. Tel fut au moins le
seul motif que je m'avouai à moi-même,
auquel je cherchai à donner toute l'importance imaginable , et qui prit enfin le
dessus , parce que je gagnois ainsi du
temps , soit pour préparer à notre séparation le peu d'amis qui m'étoient sincè-
rement attachés , soit pour exécuter un
projet singulier que m'avoit suggéré l'envie de donner par ma mort un ébranle-
ment salutaire à toute la Grèce.

On se figureroit difficilement combien

j'étois heureux en me représentant l'effet
que la dernière volonté d'un sage mou-
rant d'une manière aussi extraordinaire ,
produiroit sur ceux à qui il auroit témoi-
gné si généreusement combien il avoit
à cœur de les servir, dans un temps où
il ne s'inquiéteroit plus de leur bien-
être ou de leur infortune , de leur bonne
ou de leur mauvaise opinion. J'écrivis en
conséquence des lettres circulaires. Ce
travail occupa toutes les facultés de mon
ame , quelque temps avant ma mort , et
il lui rendit insensiblement le feu et l'inspiration de la jeunesse. Il me sembloit
que personne ne s'étoit encore trouvé
dans une situation qui lui donnât tant
d'avantage sur ses semblables , qui l'au-
torisât si bien à leur dire énergiquement
toutes les vérités utiles , et qui dût autant les disposer à écouter ses reproches
et ses plans de réforme. Je pris si bien
mes mesures , avec le secours de Theagène et de ses amis, que toutes ces lettres
devoient parvenir à leur adresse avec la
nouvelle de ma mort ; et ce qui ne pouvoit , ce semble , arriver qu'à moi, tout
le temps que je m'occupai de ces testa-
mens politiques et moraux, il ne me vint

pas une seule fois dans l'esprit qu'ils seroient reçus avec dédain et risée, et que
tout n'en iroit pas mieux dans le monde.

Lucien a versé le ridicule à pleines
mains sur les derniers momens de ma
vie aventureuse. Mais quiconque aura lu
ces récits réduira sans peine à sa juste valeur la relation du médecin Alexandre que
l'on mit auprès de moi durant la fièvre
chaude dont je fus attaqué huit ou neuf
jours avant ma mort. On comprendra aisément pourquoi ce médecin n'interpréta
pas mieux les raisons que je lui donnai de
ce que je préférois une mort extraordinaire
à une mort occasionnée par la fièvre, que
le Sophiste Lucien ne devina les causes de
cette fièvre, en l'attribuant à un excès de
gourmandise. Je dédaigne d'observer
contre l'assertion gratuite du même Lucien, que j'allumai le bûcher d'une
main ferme ; cela n'ajouteroit rien à
l'opinion que l'on a dû prendre de moi ;
et je me flatte d'en avoir assez dit pour
que le monde, sans cesser de me regarder
comme un enthousiaste, me regarde au
moins à l'avenir comme un enthousiaste
ami de la vertu, et qui mérita d'avoir
part à son estime.

F I N.

LISTE

Des ouvrages de WIELAND.

L'ANTI-OVIDE ou l'art d'aimer.
Amsterdam (Heilbronn) 1752.

Lettres morales en vers. Heilbronn, 1752.

La nature des choses, poëme
en six chants. Halle, 1752.

Contes. Heilbronn, 1752.

Lettres des morts aux vivans.
Zurich, 1753.

L'Épreuve d'Abraham, poëme,
1753 (traduit dans le Choix de
poésies allemandes, par Turgot).

Recueil des écrits polémiques
publiés à Zurich pour la réforme
du goût, 3 parties, 1753.

Traité des beautés de la Noachide.
Zurich, 1754.

Annonce d'une Dunciade pour les Allemands, 1755.

Remarques sur Milton. — Pensées sur le rêve patriotique du rajeunissement de la confédération, 1758.

Souvenirs à une amie. Berlin, 1758.

Sympathies. Zurich, 1758.

Lady Jeanne Gray, tragédie, 1758.

Recueil d'ouvrages en prose, 2 vol., 1758 — 1764. 1771.

Araspe et Panthée, histoire morale, dans une suite de narrations, 1760.

Clémentine, tragédie. Francfort, 1761, 1771.

Poésies, trois parties. Zurich, 1762.

Traduction de Shakespeare, 8 vol. Zurich, 1763 — 1764.

Le Triomphe de la nature sur l'enthousiasme, ou Aventures de

don Sylvio-de-Rosalva. Ulm, 1764.
Leipsick en 2 vol. , 1772 (traduit).

Contes comiques , 1766. Zurich ,
1768 , (traduits).

Histoire d'Agathon , 2 volumes.
Francfort et Leipsick , 1766 , 1767 ,
seconde édition en 4 vol. Leipsick ,
1773 , (traduit et abregé).

Musarion , ou la philosophie des
Graces , en trois livres, 1768, (trad.
par Lavaux).

Idris et Zénide , poëme en 5
chants. Leipsick , 1768 , (traduit
dans la Bibliothèque des romans ,
août 1784).

Sentimens du chrétien. Zurich ,
1769.

Socrate en délire , ou dialogues
de Diogène de Sinope. Leipsick ,
1770 , (traduit).

Mémoires pour servir à l'histoire
secrette du cœur et de l'esprit humain , tirés des archives de la nature , 2 part. 1770.

Combabus, conte, 1770.

Les Graces, 1770, (traduit).

Le nouvel Amadis, 2 part. 1771.

Le miroir d'or , ou les rois de Scheschian , histoire véritable , 4 parties , 1772, (traduit).

Pensées sur une ancienne inscription , 1772.

L'aurore, opéra. Weimar, 1772.

L'amour accusé , poëme en 4 chants, 1772, (traduit par le cit. Fontallard, Soirées littéraires, t. 2).

Alceste , opéra. Leipsick.

Le choix d'Hercule , drame lyrique. Weimar , 1773.

Histoire des Abdérites , 2 vol. (traduit par A. Labaume , sous presse).

Mercure allemand , depuis 1773.

Gandalin, ou amour pour amour, poëme en 8 chants.

Rosamonde , opéra en 3 actes. Manheim , 1778.

Clélie et Sinibald , légende du

douzième siècle , en vers et en 8 parties , 1784.

Obéron , poëme en 14 chants , 1780 ; en 12 , 1785.

Epîtres d'Horace , traduites en vers avec des remarques , 2 vol.

Satyres du même , id. 2 volumes. Leipsick , 1786.

Bibliothèque universelle des dames, trad. libre du françois , avec des changemens et une préface , t. 1. Leipsick , 1786.

Dschinnistan , ou choix de contes de génies et de fées , nouveaux ou traduits , t. 1. Winterthur , 1786 , t. 11 , *ibid* , 1787, t. 3, *ibid* , 1789.

Traduction des œuvres de Lucien , avec des notes, 6 vol. Leipsick , 1788 — 9.

Pensées sur la liberté de philosopher sur les objets de la foi, Weimar , 1789.

Remarques sur la *morale naturelle* de Necker. Leipsick , 1789.

(348)

Histoire secrette du philosophe Peregrinus Protée, 2 part. Weimar, 1791, (traduit et abregé par A. Labaume).

Dialogues des Dieux. Leipsick.

Quantité de poésies diverses, dont les plus remarquables sont Le Moine et la religieuse, poëme en 2 chants, Geron le Courtois, le premier amour, etc.

Muséum attique. T. I, 1796.